엄마와 초등 아들 셋이
함께 떠나는
여행 육아

엄마와 초딩 아들 셋이 함께 떠나는 여행 육아

초판 1쇄 2020년 11월 19일
지은이 김희정 | **펴낸이** 송영화 | **펴낸곳** 굿웰스북스 | **총괄** 임종익
등록 제 2020-000123호 | **주소** 서울시 마포구 양화로 133 서교타워 711호
전화 02) 322-7803 | **팩스** 02) 6007-1845 | **이메일** gwbooks@hanmail.net
© 김희정, 굿웰스북스 2020, *Printed in Korea*.
ISBN 979-11-972282-3-0 03590 | 값 **15,000원**
※ 파본은 본사나 구입하신 서점에서 교환해드립니다.
※ 이 책에 실린 모든 콘텐츠는 굿웰스북스가 저작권자와의 계약에 따라 발행한 것이므로 인용하시거나 참고하
  실 경우 반드시 본사의 허락을 받으셔야 합니다.
※ **굿웰스북스**는 당신의 풍요로운 미래를 지향합니다.

엄마와 초딩 아들 셋이

함께 떠나는
여행 육아

김희정 지음

굿웰스북스

얘들아!
세계일주로 너의 꿈을 마음껏 펼쳐라!

나는 아이들이 틀 안에만 갇혀 있는 사고로 세상을 바라보지 않길 바란다. 정형화된 틀 안에서 맞춰 살기를 바라지 않는다. 세상은 이미 변화하고 있다. 우리 구세대적인 사고가 바뀌고 지금도 우리가 한 번도 겪어보지 못한 코로나와 함께하는 사회이지 않은가? 수많은 역사서에서 볼 수 있듯이 세상은 진정 '꿈꾸는 자'들이 이끌어가고 있다. 누구나 옳다고 할 때 '아니'라고 말할 수 있는 아이가 되길 바란다. 자기의 주관과 올바른 가치관으로 세상을 바라보며 살기를 바란다.

무엇보다 우리 세 아들이 '행복하기'를 진정 바란다. 그 마음으로 우리 아이들과의 행복한 추억을 남기고자 이 책을 집필했다. 아이가 컸을 때, 엄마와 세계 여러 나라를 다녔던 여행에서 함께 웃었던 행복한 웃음을 잊지 않길 바라는 마음으로….

엄마의 무한한 사랑이 때로는 아이에게는 구속이 될 수도 있고, 너무 무관심한 사랑이 아이를 방치하는 것이 되어버리는 것은 아닌지 수많은 엄마들은 고민한다.

정답은 없다. 엄마와 아이가 행복하면 그만인 것이다. 나는 아이들과 국내외 여행을 하면서 아이들에게 경험을 주고 싶었고, 엄마와의 추억을 주고 싶었다.

어릴 적 가난으로 세 아이를 낳고 기르면서 20년간 일을 놓지 않았다. 세상을 먼저 살아온 엄마의 경험을 토대로 뭐든 책임감 있게 자기 앞가림을 할 수 있는 아이들로 키워주고 싶었다. 부자가 되라고 강요하진 않지만 왜 부자를 꿈꾸어야 되는지는 살아가면서 알기를 바란다.

우리는 자본주의 사회에서 내가 하고 싶은 일을, 내가 원하는 시간에, 내가 좋아하는 사람들과 함께, 어떤 상황에도 구애받지 않고 할 수 있는 경제적 자유인을 꿈꾼다. 내가 원하는 것을 하면서 사는 것! 진정 멋진 삶이 아닌가! 우리 아이들도 내가 꿈꾸는 미래를 따라오길 바란다. 꿈이 있는 엄마! 꿈이 있는 아이들! 엄마와 아이가 같이 성장하는 것이다.

가정에서의 기본 생활습관부터 돈에 대한 마인드, 일과 노동의 중요성, 독서의 중요성 등 아이는 학교에서의 기본적인 공부뿐만 아니라 가정이라는 공간에서 부모의 영향을 받고 사랑을 받으며 성장한다.

아이의 창의력은 무한하다. 요즘 같은 스마트시대에는 한 가지 직업으로는 살아남을 수 없다. 미래에 대한 고민도 아이와 함께 하고, 인생의 경험도 아이와 같이 하려고 노력했다. 주말마다 남자아이 셋을 데리고 산으로 바다로 무조건 데리고 나갔다. 한때 체대 진학이 꿈이었던 엄마의 체력은 언제나 왕성하다. 국내뿐 아니라 해외까지 나가 세상은 넓다는 것을 아이들에게 보여주고 싶었다. 세계지도를 펼치고 보면 세상이 엄청나게 넓은데 아이들의 시야를 크게 키우는 것은 여행만 한 것이 없다고 생각한다.

맞벌이 부부로 현재까지 살아오면서 남편과 시간을 맞출 수 있을 때면 우리 다섯 식구는 여행을 자주 간다. 아빠가 시간이 안 되면 엄마 혼자서라도 아이들을 데리고 해외를 갈 수 있다. 엄마 혼자 갈 때면 여자보다는 엄마의 강한 모성애로 아이들을 데리고 간다. 어느 정도 나이가 들고 결혼 13년차가 되어 남자아이 셋을 낳고 길러보니 내 안에 없던 힘도 다 만들어지게 되었다.

사람은 주어진 환경에 적응을 잘하는 동물이다. 생각한 것을 바로 실행하는 엄마이다. 내가 판단하고 옳다고 결정한 것은 나의 선택이고 책임이다. 자기 확신을 가지고 나는 사랑스런 세 아들과 진정 세계일주를 꿈꾼다.

아이들 여권에는 일본, 괌, 러시아의 블라디보스토크를 방문했다는 출입국 도장이 찍혀 있다. 아이들은 이 페이지를 다양한 세계 여러 나라의 도장으로 계속 채우게 될 것이다.

코로나와 함께하는 사회…. 여행이 잠시 주춤하지만, 인간의 재능은 무한하고, 백신은 개발될 것이고, 세상은 또 다른 환경에 적응하는 우리 안의 무한한 에너지를 키우며 계속해서 멋지게 펼쳐질 것이다.

아이들아! 진정 원하는 너의 꿈을 키워라! 세상은 진정 살 만하다! 즐겨라! 삶은 축복이니라!

아이들과 나의 미래는 무조건 밝을 것이다. 우리 가족은 언제나 축복과 행복만 가득할 것이다.

사랑한다! 나의 아들 셋 경록이, 도윤이, 무진이.

2020.11. 강한 아들 셋 엄마
김희정

차 례

1장
세계일주를 꿈꾸는 엄마와 아이들

에필로그 엄마가 진정 행복한 여행을 꿈꿔라! 302

1장

세계일주를
꿈꾸는
엄마와 아이들

01

아이들과 떠나기 전 알아야 할 모든 것

    남자아이 셋과 여행을 계획하는 엄마는 뭔가 대단할 것이라고 생각할 것이다. 대부분 엄마가 아이 하나 데리고 남편과 같이하는 여행도 버거워하는 경우를 주변에서 많이 보았다. 그러나 나는 이러한 모든 경우의 수를 배제하고 항상 가고자 하는 그 목적지와 꼭 필요한 준비물 몇 가지만 단순하게 생각하고 늘 여행을 준비해왔다.

    가장 기본적인 준비물을 큰 틀에서 보자면, 여권, 비상약, 여행하는 나라의 날씨에 따른 옷가지, 그 나라의 전압량에 따른 멀티어댑터, 환전,

나라마다 필요한 준비서류 등이 있다. 이러한 준비물은 물리적인 준비물이다.

진정 엄마가 아이와 여행을 가고자 할 때 꼭 필요한 것은 혼자서도 해외여행을 가겠다는 의지와 아이 셋을 해외에서도 남편 없이 건사할 수 있다는 책임감이다. 그래서 체력과 정신력이 우선되어야 한다. 여행을 하면 어떠한 변수를 어디서든 만날 수 있다. 국내에서도 아이들은 항상 다치기 마련이고 조금만 한눈을 팔아도 사고의 연속이다. 아플 수도 있고, 부딪히고 깨질 수도 있다.

남자아이 셋을 13년 동안 낳고 기르고 워킹맘으로 살아오면서 아이들은 항상 그랬다. 그게 아이다. 그러나 그러한 문제를 만났을 때 해결할 힘과 여력만 있으면 대부분의 문제는 해결된다. 그러나 이러한 부분을 혼자서 할 수 있는 엄마는 과연 몇이나 될까?

당신은 할 수 있는가? 그렇게 되고 싶은가? 그럼 자기 내면의 힘을 믿고 조금씩 성장하려고 하는 의지를 키우면 된다. 언제나 정답은 내가 알고 있다. 나만 그 답을 만들고 실행할 수 있다. 여행은 아이도 성장하지만 무엇보다 내가 성장하기 위한 하나의 도구였다.

지금은 웹사이트나 각종 SNS, 책 등 여행하고자 하는 나라만 검색해도 자료가 수없이 많다. 여행 블로그에는 행선지마다 어떻게 가는지 무엇을 해야 하는지 어떤 곳이 맛집인지 자세하고 구체적으로 잘 나와 있다. 그러나 나는 내가 필요한 정보만 얻고 그 사람들의 여행과 똑같이 하진 않았다. 특히 아이와의 여행은 아이의 컨디션과 아이 위주의 여행을 짜는 편이라 꼭 중요 관광지를 봐야 된다는 의무감으로 여행을 새벽부터 저녁까지 힘들게 하지는 않았다. 아이와 해외에서 먹는 아침이 중요하고 저녁에 오늘 여행에 대해 재미있게 이야기하고, 온 세상이 겨울 왕국이었던 러시아에선 눈 쌓인 창밖 풍경 하나만으로도 나는 진정 행복한 여행을 하고 있었다.

첫째아이, 둘째아이가 초등학교를 들어가고 어느 정도 혼자 몸을 가눌 수 있게 되자 나는 그동안 수없이 다녔던 국내여행 경험으로 이제는 더 큰 세상을 아이들에게 보여주고 싶어졌다. 바쁜 아빠는 시간이 안 되고 엄마 휴가 일정에 맞추면 아이들은 엄마와도 해외를 어디든 갈 수 있다.

그럼 이제 실질적인 현실 여행 준비물을 알아보자. 제일 중요한 아이들 여권 만들기와 나라별 필요서류이다. 우리 아이들은 첫째 10살, 둘째 8살, 우리 부부 결혼 10주년 기념으로 일본 후쿠오카를 4명이 다녀왔다. 아이들은 그때가 첫 여행이라 여권을 처음 만들었다. 가까운 구청에서 신분증, 여권용 사진, 필요 서류를 간단히 준비해 가면 금방 접수가 된다. 개인의 상황에 따라서 여권 종류와 기간, 면수를 선택하고 신청하면 금방 끝난다. 신청 후 4일이면 요즈음은 금방 나온다. 개인적으로 워킹맘이라 각 구청마다 저녁 당직하는 시간이 있어 나는 일 마치고 그 시간에 신청을 했다. 그러나 찾는 것은 시간이 안 되어 시어머니께 부탁을 드렸다. 대리인 서류만 있고 증빙서류만 증명되면 가족이면 대리로 찾는 게 가능하다. 요즈음은 정보가 더 많이 업데이트되어 더 편안해졌을 수도 있다.

아이들은 여권이 나오면 이 여권이 어떠한 역할을 하는지 잘 모른다. 그러나 여러 번 입국심사를 통과하고 두세 번 해외여행 경험이 쌓이자 이제는 혼자서 입국심사대 가서 낯선 외국인하고도 여권을 주면서 심사를 잘 한다. 심사대에서 사진을 찍을 때, 손가락으로 지문을 검사할 때 두려워하지 않고 잘한다. 최근 다녀온 러시아에서도 막내도 혼자 여권 들고 입국심사대에 가서도 잘해냈다. 낯선 외국인이 우리 아이들에겐 낯설지 않다. 이러한 사소한 모든 것이 경험이다. 엄마는 지켜보다가 문제가 생기거나 부르면 가서 도와주면 된다. 나는 항상 그래왔다. 뭐든 아이에게 먼저 부딪혀보게 한다. 남자아이라 조금 강하게 키운다. 엄마가 없어도 혼자 독립된 인격체로 스스로 세상을 알게 하는 게 나의 교육 철학이다. 아이는 그러면서 클 것이다. 그렇게 더 큰 세상을 더 많이 알아갈 것이다.

그다음 필요한 서류는 나라마다 여행 목적별 서류이다. 그동안 여행한 나라들은 비자는 필요 없었지만, 미국령인 괌에 아이들을 엄마 혼자 데리고 갈 때는 공증이라는 서류가 필요하다는 걸 처음 알았다. 혹시나 여행 가서 아이를 버리고 올 것을 미연에 방지하는 서류라고 하나, 일단 여행사에서 준비를 하라고 해서 공증서류비만 대략 10만 원가량 주고 준비했다. 그러나 준비한 서류를 꼭 보지는 않는다는 것을 알았다. 그래도 미연에 혹시나 서류가 없어 여행 못 하면 안 되는 상황이 발생할 수 있으니 엄마 혼자 여행할 때는 나라마다 필요한 서류를 꼼꼼히 챙기는 것이 필수이다.

그다음 챙길 것은 아이가 아플 때를 대비한 비상약이다. 해열제와 소화제 간단한 밴드나 연고이다. 많은 약을 챙겨가는 것도 짐이라 나는 딱 필요한 최소한의 짐만 싼다. 그리고 필요한 것은 대부분 현지조달을 한다. 아이 셋의 짐을 한가득 가지고 다니다는 것은 체력낭비 에너지 소모이다. 딱 필요한 최소한의 짐만 싸고 해외에서는 단순하게 최대한 편하게 다닌다. 여행은 에너지를 소모하러 가는 것이 아니라, 내가 충전하기 위해 가는 것이라고 생각한다. 아이와의 여행에서 엄마가 실컷 아이들 뒤치다꺼리만 하고 온다면 그것은 여행의 순수한 목적을 저해하는 것이다. 그래서 짐은 최소한으로 싸야 한다.

짐을 쌀 때 제일 먼저 캐리어 크기를 결정하는 것도 중요하다. 제일 큰 것을 하나로 가져갈 것인가? 아니면 중간 것으로 2개를 들고 갈 것인가? 여행하는 나라의 날씨에 따라 옷의 부피와 신발, 모자 등등 기타 여러 부수적인 것들을 고려해서 선택을 한다. 나는 큰 것 하나로 준비를 하는 편이다. 혼자 아이 셋을 다 건사를 못하니 손이 그나마 하나라도 자유로운 게 좋았다. 그러나 추운 겨울나라는 짐도 많고 올 때 선물들도 많고 아직 아이들이 캐리어 하나 끌 수 있는 힘을 기를 때까지는 최대한 큰 캐리어 하나로 짐을 싸서 다니고 싶다.

여행 준비 가방

여행지가 일단 정해지면 아이들과 그 나라 세계지도를 보면서 이야기를 나눈다. "우리가 이번에 갈 곳은 가까운 일본이야! 괌이야! 블라디보스토크야!" 하면서 그 나라에 대해서 이야기를 한다. 여행가기 전 책을 통해 나는 한번 그 나라를 이해한다. 그러면서 그 나라의 환경 날씨, 종교, 사람들의 생활습관, 유명 관광지에 대한 유래 등등을 조금 공부를 미리 하고 가면 아이들에게도 설명하기가 쉽다. 그렇게 공부하고 직접 그 나라를 갔을 때 그 나라의 의미가 더 크게 다가온다. 예를 들면 괌의 유명관광지 '사랑의 절벽'에서 사랑하는 남녀가 궁지에 몰리자 머리카락을 묶어서 뛰어내렸다는 상상을 하기도 한다. 아이들에게 질문을 한다. 너는 어떤 느낌이 들어? 너는 어땠을 것 같아? 아이가 계속 말할 수 있게 질문을 한다. 생각을 하게 만든다.

그 푸르디푸른 바다로 뛰어 내릴 때 심정은 얼마나 애절했을까?

또한 괌의 원주민 차모로 족의 어원을 알고 체험하고 공연을 보면서 다른 나라 문화를 이해를 하게 된다는 점도 아이들에겐 다 공부다. 그리고 영하 19도의 블라디보스토크는 엄청 추운 겨울나라이다. 아이들에게 말하면 미리부터 겁먹은 듯한 얼굴이나 여행을 간다는 호기심에 이미 신난다. 아이들은 즐길 준비를 이미 하고 있는 것이다.

아이들과 여행을 간다는 것은 행복이다. 나는 내가 좋아하는 여행지를 계절별, 시기별, 금액별로 분석하고 무엇보다 필이 오는 여행 장소가 있으면 바로 실행한다. 여행은 시간과 경제적인 여건만 있으면 누구나 할 수 있다. 그러나 여행을 상당히 거창하게 생각하지 않았으면 한다. 시간이 있을 때만 할 수 있다는 생각, 돈이 아주 많아야 여행을 할 수 있다는 생각을 하지 않는다. 그렇다고 해외여행인데 기본적인 돈은 미리 미리 준비해야 갈 수 있는 것은 맞다.

나는 워킹맘이라 시간이 부족하고 최소의 비용으로 최대의 효과를 보는 여행을 원한다. 그게 무엇을 많이 한다든지 그런 개념이 아니다. 아이와 함께 해외를 가는 비행기에서 웃을 수 있고 맛난 간식으로 행복할 수 있고 엄마랑 멋진 곳에서 멋진 체험을 한다는 것 자체가 아이에게는 좋은 경험이 될 것이다. 이게 다 추억이 될 것이다. 아이의 가슴속에 남게 될 것이다.

이게 진정 살아 있는 여행에서 배우는 엄마의 여행 육아이다.

02

드디어 떠난다. 아이 셋과 함께 괌으로!

아이들에게 여름방학은 천국이다. 어른들도 직장에서의 휴가처럼 아이들에게는 방학이 그렇게 좋은가 보다. 우리도 어릴 때 방학을 기다린 것처럼 쉰다는 것은 언제나 즐겁다. 아이들과 여름이면 외할머니가 혼자 계신 시골 산청에 가서 강이나 냇가에서 다슬기와 피라미를 잡고 놀러 다녔다. 할머니를 도와서 감도 따고, 시골에 있는 풀도 뽑곤 했다. 외할버지가 살아 계실 때는 냇가에서 아침에 피리를 잡아 왔다. 풀장처럼 만들어 놓은 튜브에서 물고기를 한가득 풀어 놓으면 아이들이 살아 있는 고기를 직접 잡고 놀았다.

학교 가기 전에는 시골에서 많이 뛰고 잘 다니며 신기한 꽃과 나무, 각종 곤충, 새를 보며 시골을 진정 즐겼다. 시골길에 오디며, 산딸기를 따고 할머니가 직접 키우시는 감을 수확하며 시골을 정말 좋아했다. 그러나 아이들이 어느 정도 성장하고 사회성이 길러지면서 자기만의 사회를 만들어갈 때쯤 이제는 시골을 옛날만큼 수시로 드나들지 않게 되었다. 아이들이 크면서 방학이면 아이들에게 더 큰 경험과 나의 휴식을 같이할 수 있는 해외여행을 계획하게 되었다.

아이들과 처음 해외여행을 한곳은 일본 후쿠오카였다. 결혼 10년차 남편과 자유여행으로 손쉽게 다녀오자고 시작한 여행이었다. 자유여행으로 항공, 숙박, 여행일정을 다 계획해서 2박3일 충실히 잘 다녀왔다. 그러면서 아이들과 해외에서의 경험이 쌓여갔다. 아이들과의 여행에서 체력은 필수이고 변수가 많기 때문에 무리하게 많이 하려고 하면 안 된다. 아이는 조금만 걸어도 다리 아프다 하고 배고프다 하며 계속해서 징징댄다. 그러면 엄마는 즐거워야 하는 여행이 지치게 된다. 그러면 엄마와 아이가 행복한 여행을 와서 그 의미를 가지지 못하고 잔뜩 스트레스만 쌓이고 돌아가게 된다. 여행의 본래 의미를 잊게 되는 것이다.

그래서 계획한 해외여행지가 괌이다. 연인과 가족 모두에게 꾸준히 사랑받는 여행지 괌! 사랑의 절벽에서 시작해 투몬해변과 아가나 해변을 따라 펼쳐진 절경은 괌의 대표적인 관광명소다. 해안을 따라 휴양 리조트들이 들어서 있고, 스쿠버다이빙, 패러세일링, 카약, 시워커, 스노클링 등의 다양한 레저스포츠가 발달되어 있다. 2차 세계대전 유적지와 괌수족관도 대표적인 관광명소이며, 야시장과 19개 마을의 고유 축제로 현지 차모르족 문화를 체험할 수도 있다. 괌을 가기로 했을 때, 난 푸른 에메랄드빛 바다를 떠올렸다. 푸르디푸른 바다는 얼마나 아름다운가! 아이들과 신나게 오로지 바다만을 생각하면서 여행을 준비했다.

괌은 아이들과 어른들에게 더없이 편한 휴양지이다. 여름방학 동안 물을 좋아하는 아이들에게 실컷 물놀이를 시켜주고 싶었다. 그래서 많은 관광일정보다 리조트에서 모두 소화 가능한 일정으로 정했다. 아이들 프로그램도 잘되어 있고, 미국령이라 아이들에게 세계 제일의 나라의 문화를 경험해주고, 덕분에 나도 힐링하고 싶었다. 워킹맘이라 이번 여행은 남편이 시간이 안 맞아 혼자 준비해서 가야했고 급히 준비하느라 시간과 일정이 편한 패키지로 가기로 했다. 자유여행과 패키지여행을 비교했을 때 회사에서 여행의 일정금액을 지원해주는 복지혜택을 이용하면 가격면에서 패키지여행이 더 저렴하기 때문이다. 일정은 3박4일로 정했다. 아이들 셋과 나 이렇게 처음에 가기로 했다. 그러나 홀로 계신 친정엄마가 나처럼 여행을 좋아해서 같이 가자고했다. 사실 엄마와 둘이서 오붓이 해외여행을 하면 좋겠지만 아이들도 아직 어리고 엄마도 나이도 들고 이런 조건 따지다보면 시간만 흘러간다. 무조건 생각을 했을 때는 바로 실행을 하는 것이 좋다. 엄마는 아이들과 가는 여행에도 흔쾌히 허락하고 이렇게 5명의 괌 여행은 시작되었다.

기본적인 숙소는 아이들의 천국인 괌 PIC로 정했기에 거의 일정 대부분이 리조트에서 보내는 일정이다. 괌 PIC 리조트에서 아이들과 수영을 목적으로 왔기 때문에 일정은 간단히 계획하였다. 그래서 기본적인 선택관광은 하루만 넣었다. 근교 주요명소 사랑의 절벽과 스페인광장 그리고 리티디안 해변에서 스노클링체험을 하는 일정을 하루 반나절로 넣었다.

우리가 괌이라고 하면 떠오르는 이미지가 푸른 바다를 떠올릴 때 사랑의 절벽의 배경을 많이 이미지화한다. 괌에 처음 도착했을 때 나는 그런 하늘을 떠올렸으나 기대가 크면 실망도 큰 것 같다. 우리가 갔을 때는 파란하늘을 딱 한 번만 보고 계속 흐린 날이었고 구름이 낀 하늘만 보다 마지막 날에서야 파란 하늘을 볼 수 있었다. 그래도 간간히 파란 하늘빛을 보여주다 말다 그러니 여행의 날씨는 운도 따라줘야 될 것 같다.

둘째 날 아침 자유일정이 있는 날, 아이들과 사랑의 절벽으로 선택일정을 정하고 여행사를 통해 함께하는 사람들과 같이 동승해서 하루를 다녔다.

스페인 광장

　스페인 광장에 처음으로 내렸다. 아가나 대성당 주변 정치가 아름다웠다. 성당 안은 따로 입장료는 없었으나 사진 찍으려면 몇 달러의 돈을 내고 찍으라고 한다. 아무래도 관광객이 많이 오다 보니 성당관리비 명목으로 요구하는 것 같다. 광장주변의 큰 나무들과 눈에 띄는 큰 꽃들이 아름다웠다. 친정 엄마에게 큰 꽃을 따서 귀에 꽂아 사진을 찍어주었다. 엄마는 소녀마냥 귀엽게 포즈를 취한다. 여자는 나이가 들어도 소녀다운 아름다운 마음 그대로인 것 같다. 근처 트럭에서 아이들과 코코넛 음료를 사먹었다. 여기는 다 먹은 코코넛안의 하얀 속살을 깎아서 다시 준다. 꼭 우리나라 오징어처럼 쫄깃쫄깃 식감이 맛있다. 주변 동남아 여행을 가도 코코넛 열매음료는 많이 먹어봤지만 여기는 그 안까지 주니 조금 색달랐다. 그래서 가격이 일반코코넛보다 비싼 5천 원가량을 받았다.

　그다음 일정으로 사랑의 절벽으로 향했다. 스페인 광장 때부터 비가 내리기 시작하더니 아니나 다를까 내릴 때쯤 비가 온다. 그렇게 기대하던 파란 하늘 아래 사랑의 절벽의 해안가였지만, 우리는 입장표도 끊지 않았다. 비가 오니 제대로 볼 수 없을 것 같았다. 같이 온 일행들도 실망하는 눈치다. 근처 동상 앞에서 사진을 찍고 대포가 보이는 바다전망으로 사진 몇 장 찍고 우산도 준비가 안 되어 있어서 아이들과 후딱 사진 몇 장 찍고 왔다. 사랑의 절벽은 무엇보다 아름다운 투몬만의 바다를 시원하게 바라볼 수 있고, 하트 자물쇠와 러브벨로 영원한 사랑을 약속할 수 있는 장소이기도 하다. 사랑의 절벽 옆쪽에는 지하동굴이 형성되어 있는데 물이 석회암을 통해 스며들어서 이렇게 큰 지하 동굴이 형성되었다고 한다. 위에서 아래로 바라본 동굴의 깊이가 꽤 깊었다.

　원래 괌의 사랑의 절벽은 슬픈 전설이 있는 곳이다.

　"스페인 식민지 시절, 스페인 장교가 젊고 아름다운 차모로 여인에게 반해 강제로 결혼을 강행한다. 하지만 여인에게는 사랑하는 연인이 있었고, 연인과 도망가기로 하지만 이 사실을 알게 된 스페인 장교와 여인의 부모님이 뒤를 쫓고 벼랑 끝에 몰린 그들은 서로의 머리카락을 묶고 키스를 나눈 후 바다에 몸을 던진다."

사랑의 절벽에서 아이들과 함께

참 가슴 아픈 사랑 이야기가 전해져 오는 곳이라 연인들을 위한 하트 모양 자물쇠와 은은하게 울리는 사랑의 종이 있다. 사랑의 절벽은 높이 112m로 동쪽과 서쪽의 전망을 모두 감상하는 최고의 명소이다. 이러한 명소를 우리는 운 나쁘게도 제대로 보지 못했다. 아이들은 여기가 어디인지, 어떤 전설이 있는 곳이지 잘 몰라도 나중에 커서 사랑하는 사람과 함께 올 일이 있을 때 그때는 이해하게 되지 않을까?

하늘은 나에게 다음에 한 번 더 오라고 그렇게 말을 해주는 것 같다. 남편 없이 왔으니 다음에 사랑하는 남편과 한 번 더 오라는 하늘의 계시일까? 엄마는 '사랑의 종' 앞에서 사진을 찍어달라고 하신다. 평소 표현을 잘하지 않지만, 먼저 하늘나라로 간 아빠와 끈이라도 연결되리라는 마음이 전해져 오는 것 같았다. 사랑의 절벽에서 관광할 때는 잘 느끼지 못했는데 지금 지나고 생각해보면 옛날이나 지금이나 이루지 못한 사랑은 더 애달프게 느껴진다.

오전 일정을 마치고 오후는 따로 신청한 리티디안 해변으로 갔다. 우리는 3명의 아이와 친정엄마, 나 이렇게 총 5명이라 따로 자가용으로 편안하게 이동할 수 있었다. 리티디안 해변은 괌 안에서도 조금 외딴곳이라 천혜의 자연을 그대로 볼 수 있는 곳이다. 모래가 엄청 부드럽고 사람이 드문 한적한 곳이라 스노클링을 즐기기 좋고 괌의 바다를 온전히 느낄 수 있다. 그러나 가는 길에 움푹 페인 곳이 많아 이동이 순탄치 않아 덜컹덜컹 길이 위험하니 운전 시 주의해야 한다. 외딴곳에서는 차에 귀중품도 도난이 많다고 하니 괌에서 렌터카를 이용하는 여행객은 특히 주의가 필요하다. 리티디안 해변을 본 나는 '참, 세상에 이런 바다도 있구나!' 느끼며 아름다운 괌의 바다를 감상했다. 엄마랑 나란히 선베드에 누워 괌의 깊은 바다를 바라보니 정말 행복했다. 나는 심해 스노클링을 혼자 따로 하면서 더 깊은 괌의 바다를 만끽하고 있었다.

아이들의 괌 여행은 너무 행복한 곳이다. 아이에게도 천국 같은 물놀이로 세상 즐거운 곳이다. 내가 괌을 선택한 것은 아이들에게 여름방학에 대한 행복한 선물을 해주고 싶었다. 아빠가 없어도 아이들은 해외에서 충분히 혼자 제 몸 건사할 수 있을 정도로 컸다. 아프지 않았고 즐겁게, 신나게 놀았고 즐거운 추억과 리조트에서의 많은 경험도 가지게 되었다. 눈 색깔이 다른 외국 아이들과 몸을 부딪히며 함께 놀 수도 있었고, 학교에서만 들었던 영어를 지나가는 직원들과 직접 나누며 서로 영어로 맞장구칠 수 있게 되었다. 여행은 그렇게 이론이 아닌 실제 경험을 하면서 깨달음을 준다. 아이들은 책에서만 보던 역사와 전설보다 직접 눈으로 가슴으로 느낀다. 여행지로서 괌은 진정 탁월한 선택이었고, 다음에 또 가고 싶은 여행지로 여운이 남아 있다.

그렇게 나는 괌의 하늘과 바다를 그리워하고 있다.

03

공부보다 체험과 꿈이 먼저다

우리나라는 모든 아이에게 어릴 때부터 좋은 유치원 가고, 초등학교 가서 공부 잘하고 선생님 말 잘 듣고 학교생활 충실히 하라고 가르친다. 틀린 말은 아니다. 사람이 태어나서 배우고 익히고 학습하는 것은 당연하다. 그러나 내가 말하는 것은 아이들 성향이 다르고 개성이 다양한 아이들에게 일률적인 교육으로 학습하는 부분이다. 요즘은 각자 나름대로 성격분석도 하고 학교에서 다양한 특기활동도 시행해서 여러 학습의 기회가 많이 열린 것은 맞다.

그래도 선진국의 아이들보다는 주입식 교육 방식이 아직은 익숙한 듯하다. 우리나라는 공부, 특히 입시 위주의 공부라서 대학교에 가기 위한 공부, 보여주기 위한 공부를 많이 한다. 진정 내가 좋아하고 꿈꾸는 공부가 아니다. 인생에서 공부는 끝이 없다. 다만 내가 좋아하는 것을 계속 찾아가는 공부가 진정 행복한 공부다. 나는 아이들에게 그 꿈의 공부를 계속 찾으라고 한다. 대학교를 가기 위한 공부가 아닌 진정 나만의 공부를 찾는 것이다. 그게 돈벌이로 이어진다면 얼마나 기쁘겠는가? 좋아하는 일도 하고 돈도 벌고….

우리집 아이들은 모두 아들이다. 각자의 개성이 모두 강하다. 남자아이들은 에너지가 많기 때문에 거의 몸으로 활동을 하는 동적인 운동이나 체험 여행을 어릴 적부터 했다.

나도 가만히 앉아 있는 성격이 아니다. 다행히 아들들도 내 성향에 맞게 태어나서 성격은 내향적이나 움직이면서 걷는 거 좋아하고 활동하는 것을 좋아해서 바깥 활동을 주말마다 했다. 애들이 어릴 때는 동물원, 식물원, 나들이하기 좋은 장소를 수없이 다녔다. 그렇게 낮에 에너지를 소모하면 그나마 집안에서 뛰어다니지 않는다. 그러나 애들이 클수록 에너지는 더 넘쳐서 바깥활동을 해도 에너지가 소진되지 않는다.

집 근처 체육공원에서 자전거도 타고 인라인도 타고, 애들이 수월하게 타기 좋은 금정산 등산도 한다. 요즈음 낚시터도 실내에 아이들 위주로 잘되어 있어서 직접 바다처럼 미끼를 끼우고 물고기를 잡을 수도 있다. 아이들이 체험할 수 있는 것은 무궁무진하다. 엄마가 부지런하면 요즈음은 지자체에서 운영하는 체험 활동도 많기 때문에 하고자 하는 체험도 찾아서 쉽게 할 수 있다.

집안에서도 아이들과 할 체험이 많다. 일단 요리활동이다. 어릴 적부터 내가 빵 만드는 것을 좋아해서 아이들한테 쿠키를 간단히 만들어 주었다. 주변 어린이집 선생님들의 간단한 간식으로도, 선물용으로 딱 좋다. 시간도 얼마 안 걸리고 정성도 들어가고 맛도 있으니까 말이다. 내가 두 번째로 잘 만드는 요리는 카레이다. 재료로 들어갈 야채를 아이들이 다 썰게 한다. 칼은 위험하기에 조심히 잘 다루게 한다. 자기가 직접 썰고 음식을 만들었다는 것에 대해 아이들은 엄청 뿌듯해한다.

이게 진정 자신감이다. 자기가 도전과 시도를 계속할 수 있게 엄마가 집안의 환경을 만들어주려고 한다. 엄마마다 성향이 다를 수 있다. 위험하다면서 칼을 주지 않을 수도 있다. 엄마마다 성향이 다르니 아이들의 성격도 부모의 영향을 많이 받을 것이다. 나는 위험하지 않는 선에서 아이에게 충분히 경험하게 한다. 요즈음 아이들은 온라인 세대다. 유튜브를 보고 탕후루, 달고나 커피 등등 재료를 지들끼리 사와서 뚝딱뚝딱 잘 만든다. 어지르고 깨끗이 정리한 것까지 난 가르친다. 어떤 일에 있어서 시도, 도전도 중요하지만 마무리도 무척 중요하다. 하나를 시켜도 꼭 사람이 따라다니면서 뒤치다꺼리를 해줘야 되는 것이 아닌, 스스로 끝을 깨끗이 정리하는 습관을 기르게 한다. 이게 워킹맘으로 살아오면서 느낀 마무리와 책임감 부여의 중요성이다. 이게 진정 살아 있는 공부다. 아이들은 요리하면서 책임감, 성취감을 체험하고 스스로 깨닫게 될 것이다. 막내도 스스로 혼자서 믹서기를 사용해서 엄마아빠에게 맛있는 달고나 커피를 만들어준다고 그런다. 그게 재밌는 것이다. 자기가 무엇을 직접 도전해서 즐겁게 먹을 수 있게 하는 배려와 사랑을 배우고 아이들은 그렇게 성장하고 있는 것이다.

아들들에게 엄마는 매일 질문한다. 꿈이 뭐냐고, 자기가 진정 하고 싶은 게 뭐냐고….

첫아이는 4학년 말 취미로 시작한 야구가 지금은 선수반 생활로 이어져 자기 꿈을 키워가고 있다. 중학교 진학도 이미 하고 있어서 진정 운동인으로 성장하고 있다. 엄마의 운동신경을 닮았는지 엄마가 체대 진학을 꿈꾸면서 에어로빅 강사의 꿈을 키운 자질을 많이 닮았다. 그러나 나는 안다. 운동은 힘들다. 진정 나와의 싸움이고, 체력도 무엇보다 중요하고 잘하는 아이들은 늘어나고, 성장하면서 멘탈싸움도 있을 거라는 것, 특히 부상을 입으면 어떻게 헤쳐나가야 하는 건지도 큰 고비이다. 한 곳만 바라보고 있다가 못할 수도 있는 모든 경우의 수를 엄마는 알고 가야 한다. 부모가 바로 서야 아이가 바로 선다. 그래서 내가 강해야 된다는 것을 안다.

나는 세 아들의 엄마이다. 여리디여리고 감성 어린 여자의 가냘픈 몸짓보다 억세고 강하게 투박한 말투로, 다소 공격적인 말투로 아이들을 대한다. 그러나 아이는 느낄 것이다. 엄마가 표현은 그렇게 해도 사실은 많이 사랑한다는 것을 말이다.

둘째는 첫아이보다는 감성적이다. 완전 성격이 반대다. 나무나 식물, 장수풍뎅이. 햄스터, 열대어, 자라, 애완새우를 키우기를 무척 좋아한다. 그래서 꿈도 소방관이다. 남을 위한 봉사가 직업이 맞는 것 같기도 하다. 자기 것을 친구들에게 선물하고 주는 것을 좋아한다. 어떨 때 보면 마음이 여린 것 같아 안쓰럽다. 둘째라 위아래로 치이다 보니 엄마에게 사랑을 계속 확인하려는 모습이 보인다. 엄마 힘들까 봐 설거지도 직접 한다고 하고, 동생 숙제를 엄마가 못 챙기고 빠뜨리면 직접 도와서 해주고, 나와 그래서 잘 맞는다. 딸 같은 둘째다. 아직 어려서 정확히는 모르겠지만, 남을 위한 봉사와 희생이 아이의 성향과 맞는 것 같아 아마도 소방관이 잘 맞을 것 같다. 꿈을 이루기 힘들더라도 자기가 그게 행복하면 된 것이다. 나는 "그렇게 힘든 직업 왜 하려고 하니?"라고 묻지 않는다. 아이의 생각과 선택이다. 다만 아직 인지를 못하고 이상향으로 꿈꿀 수 있는 아이는 행복하다. 어른은 물질적인 관점으로 보지만 아이는 순수하게 멋진 소방관이 최고의 꿈인 것이다. 그것은 아이의 선택이고 꿈이다.

셋째의 꿈은 프로게이머이다. 온라인 세상에서 아이들은 핸드폰 사용법을 나보다 더 빠르게 숙지한다. 셋째는 다른 아이들에 비해 욕심이 많다. 그 욕심으로 혼자서 어린이답지 않게 성숙하다. 형들과 협상도 잘하고 자기 원하는 것을 얻기 위해 나와 용돈 협상도 잘한다. 밉지 않게 요령 있게 할 것 하면서 요구하는 것을 보면 셋째답다. 경쟁 아닌 경쟁 관계에서 살아남기 위한 막내의 자존심은 마냥 귀엽게만 보인다.

우리집 아들 셋은 꿈을 다 가지고 있다. 어른들이 바라보는 아이들의 꿈은 이윤과 욕망에 찌든 관점으로 오로지 바라볼 수 있다. 그러나 나는 안다. 아이가 꿈꾸는 꿈이 나중에 아이가 철이 들면서 분명 바뀔 수 있을 것이다. 그때는 세상을 어느 정도 경험했고 인생이 쉽게 풀리지 않을 것이다. 그렇다. 그러기에 지금의 순수한 아이의 마음이 있을 때 그 꿈을 열망하라고 한다.

그리고 꿈은 얼마든지 바뀔 수 있기에 엄마는 더 많은 곳을 다니고 경험하게 할 것이다. 그렇게 경험하다 보면 자기에게 진정 맞는 꿈을 찾을 것이기 때문이다. 어른들도 자신을 진정 모르는 사람이 많다. 자기가 무엇을 좋아하고 무엇을 할 때 행복한지 말이다. 당연히 아이는 더더욱 그렇기에 나는 아이들과 함께 여행을 더 많이 다니며 많은 체험하게 할 것이다.

리티디안 해변

04

남자아이 셋 전쟁 같은 하루, 그래서 떠나기로 했다

"자녀가 몇이에요?"라는 질문에 "아들 셋이요."라고 말할 때마다 항상 주변의 반응들이 "아이고, 엄마가 힘들겠네."이다. 지하철이나 버스를 탈 때 우리 아이 3명을 데리고 타면 할머니들의 반응은 한결같이 "아들이 많아서 부자네.", "딸이 있어야지." 등 소리를 항상 듣는다. 요즈음 세대처럼 자식을 한두 명씩 낳거나 자식 없이 지내는 젊은 부부들이 많다 보니 주변에서 나처럼 아듯 셋 둔 엄마를 보기 힘들다.

그만큼 아이를 낳고 기르는 일이 보통일이 아니다. 그러나 난 아들만 셋을 낳았고 키우고 있다. 아들만 키우다 보니 딸의 감성적인 말보다는 명령 아닌 명령조로 반깡패가 되어 거칠고 투박하게 아이들에게 말을 하게 된다. 좋게 말하면 말을 잘 듣지 않는다. 남자애들은 온순하게 '네' 하지 않고 몇 번 소리를 질러야 그제야 말을 듣는다. 남자아이들은 에너지가 넘쳐서 항상 몸으로 놀아줘야 하고 그 에너지를 풀어줘야 하기에 산으로 바다로 들로 나가야 함을 뜻한다. 아이들의 에너지가 동적이다 보니 앉아서 조용조용 소꿉놀이하듯이 아이들과 놀지를 못한다. 다행히 나 또한 가만히 있지 못하는 성격이라 움직이는 것을 좋아하고 어릴 때부터 학교 체육활동은 반 대표로 항상 1등이었으며, 대학까지 체대를 목표로 꿈꾸었던 나의 운동신경도 한몫한다.

우리 부부는 맞벌이다. 아이들이 어릴 때부터 워킹맘으로 시어머니가 도와주어 어느 정도 살림과 육아에 보탬이 되었지만, 이제는 막내까지 학교에 들어가서 어느 것 하나라도 내 손이 안 가는 곳이 없다. 초등 6학년 첫째 경록이, 4학년 둘째 도윤이, 셋째 1학년 무진이, 이 세 녀석이 나의 아들이다.

나는 시간을 내어 독서하고 운동하고 나다움을 먼저 찾는 엄마다. "엄마가 행복해야 아이도 행복하다." 어디서 많이 접하거나 한번은 다 들어봤을 것이다. 새벽 4시 30분에 기상해 1시간 독서와 감사일기를 매일 썼다. 그리고 아파트에 있는 헬스장에서 아침 러닝운동을 30분간 한다. 그렇게 땀 흘리고 시작하는 하루는 아침의 활기찬 기분을 느끼게 해준다.

땀 흠뻑 흘리고 돌아와서는 그때부터 전쟁이다. 아이들 셋 등교준비, 나의 출근준비를 한다. 아이들이 알람소리를 듣고 오뚝이처럼 바로 일어나서 씻으면 좋을 텐데 깨우는데도 몇 번을 소리를 질러야 된다. 밥도 차려줘야 되고, 얼굴에 분도 발라줘야 되는 그 아침 7시부터 8시 사이에 이 모든 일이 일어난다.

일단 아이들을 정신을 차리게 한다. 스스로 옷 입고 준비하는 동안 나는 아침밥을 준비하고 아이들이 밥을 먹는 동안 나는 재빨리 얼굴을 분장한다. 급한 아침을 허둥지둥 먹고 먼저 출근한다. 그러면 아이 셋은 스스로 학교 갈 시간에 등교한다. 요즈음은 코로나로 아이들 등교 전 자가진단 문자로 학교로 발송해야 하고, 선생님들이 보낸 준비물 문자 내용을 일일이 챙겨보고 빠진 게 없는지 점검한다. 가끔씩 정신없으면 자가진단도 잊어버린다. 그러면 담임선생님들이 문자가 온다. 초등학생 3명을 챙기는 게 몸이 10개라도 모자란다.

또 마치고 집에 오면 2차전 일을 한다. 여느 워킹맘의 일상은 대부분 비슷할 것이다. 아이들 저녁을 챙기고 학교 준비물 알림장을 보고 숙제를 봐준다. 그러나 또 하루를 마무리한다.

첫째가 야구를 한다고 4학년 말에 우리 부부에게 말했다. 나는 사실 야구를 취미로 한다는 것인 줄 알았다. 그러나 선수반으로 진로를 정한 후 6학년 현재까지 꾸준히 자기 꿈을 키워가고 있다. 부모가 자식이 하고자 하는 꿈을 지원해주어야 하는 것이 당연한 것은 맞으나 집안형편상 들어가는 돈도 한계가 있고 직장 생활을 20년 넘게 해보니 자본주의에서 직장생활로는 답이 없었다. 그리고 아이가 야구를 한다고 하면서 엄마의 경제공부가 절실히 필요할 때 경매를 접하게 되었다.

작년 9월부터 시작한 경매공부는 4주 강의를 듣고 좋은 스승을 만나 스스로 현장 조사해서 낙찰도 받고, 인테리어, 계약까지 거의 한 사이클을 마무리했다. 경매과정은 단기간에 끝나는 것이 아니었다. 임대계약이 2월에 되었으니, 직장을 하면서 집안일을 하고 인테리어까지 하는데, 거의 낮에 일하고 밤에 아파트에 혼자 가서 인테리어를 하는 고된 작업이었다.

그나마 같은 부산지역이라 밤늦게 운전해도 30분이면 가는 거리라서 다행이지 일하면서 온통 거기에 신경을 쓰며 또 그렇게 한 사이클을 마무리했다. 한 달에 한 번 있는 연차도 반납하고 오로지 경매 법원을 드나들며 명도로 신경 쓰며 이 모든 것을 끝낸 나에게 선물을 하고 싶었다. 그동안의 일, 육아 모든 게 온통 스트레스였다. 그래서 나는 더 여행을 떠나고 싶었다. 나에게 주는 최고의 보상은 늘 여행이었다.

나는 여느 여자들처럼 멋진 가방, 멋진 옷, 액세서리에는 관심이 별로 없었다. 나는 경험에 돈을 쓴다. 나의 멋진 미래와 내 삶을 풍요롭게 해주는 것에 돈을 쓴다. 그래서 나는 여행을 누구보다 좋아한다. 혼자 여행하는 것도 무척 좋아하고 아이들과의 여행도 좋아하고 우리 친정부모님, 시어머니 모두 함께 떠나는 대가족 여행도 매년 하고 있다. 가족이 화목하고 집안이 편안해야 밖에서도 남편들이 회사생활을 더 잘한다. 집은 편안해야 하는 곳이다. 하루종일 밖에서 스트레스와 온갖 경쟁으로 힘든 심신을 지치고 쉴 수 있는 곳이 집이다.

내가 여행에서 좋은 기운으로 충전하고 왔을 때 집안의 분위기는 더 좋아진다고 생각한다. 전업주부들은 하루종일 육아에, 워킹맘은 일로 지쳐 있다. 아무리 내 아이는 눈에 넣어도 아프지 않고 예쁘다고 해도 내가 행복하지 않으면 아이에게 그 마음이 전해지지 않는다. 가정에서 엄마의 역할은 무척 중요하다. 아이는 엄마의 사랑을 먹고 큰다. 세 아이는 아이들마다 성격 기질이 다 달라도 엄마는 그 한 아이의 눈빛과 마음에 오로지 신경을 써야 한다.

그래서 아이들과 떠난 곳이 블라디보스토크였다. 1월의 한국도 추우나 나는 영하 19도라고 대부분 꺼리는 블라디보스토크를 택했다. 나는 가고자 생각을 하면 바로 실행하는 성격이다. 주변에서는 아이들도 있는데 편한 데로 가라고 한다. 따뜻하게 휴양할 수 있는 곳을 선택할 수도 있었다. 그러나 나는 편한 휴양을 선택하지 않았다. 나는 더 추운, 온통 눈뿐인 세상을 보고 싶었다. 나는 남들의 생각을 크게 따라가지 않고 나만의 생각을 믿고 선택하는 편이다. 어떤 것도 후회없이 선택한다. 어차피 책임은 나의 몫이니깐!

아이들과의 여행은 너무나 행복하다. 이렇게 못해본 나의 어린 시절을 아이를 통해 대리만족하는 걸까? 너무나 가난했기에 나는 그런 부모의 그늘이 그리웠는지도 모르겠다. 아이는 알까? 엄마는 어릴 적 이렇게 따뜻한 사랑을 받고 싶었다는 것을⋯.

아이들이 여행을 다녀오고 아빠에게 조잘조잘 한없이 떠들어댄다. 너무나 재밌었다고 또 가고 싶다고⋯. 아이들은 그렇게 더 큰 세상을 더 알아가고 있는 것이다.

시간이 주어지고 경제력만 허락한다면 나는 아이들과 수많은 나라를 여행하고 싶다. 진정 세계일주을 꿈꾼다. 조금씩 성장하면 아이들은 자기의 세계로 나아가면서 친구와 사회를 알아갈 것이다. 아직 어린 나이, 아직은 엄마가 그나마 필요할 때 나는 자주 아이들과 여행을 할 것이다.

엄마와의 추억을 많이 아이들의 가슴에 남기고 싶다. 훗날 삶이 힘겹고 버거울 때 엄마와의 소중한 추억들이 힘이 되길 바라는 엄마의 마음을 알아주길 바란다.

첫 여행지인 일본으로 가는 비행기 안에서

시간은 무한하지 않다. 내가 그것을 깨달은 것은 4년 전 특별한 지병 없이 하루아침에 이유 없이 떠난 아빠의 죽음 때문이었다. 그때부터 세상을 바라보는 시야가 바뀌었다. 오늘 하루가 삶에서 참 중요하며 사랑하는 사람과 행복하게 살기에도 시간은 충분하지 않다는 것을 깨닫게 되었다. 아이는 계속해서 성장을 한다. 하루하루 바쁜 일상이지만 매일 아이도 나도 성장하고 있다. 자기가 추구하는 행복은 자기가 원해야 한다.

모든 엄마가 나처럼 못할 수도 있다. 살아온 경력과 경제력이 못 받쳐줄 수도 있다. 그러나 변하려고 하는 그 마음이 당신에게 있다면 도전을 망설일 필요가 없다. 생각만 하다가 시간은 흘러간다. '할 수 있을까?'라고 의심하지 말라. 누구나 할 수 있는 게 여행이다. 아이와의 여행은 당신의 자녀에게 주는 최고의 선물이다.

05

세계가 교실, 세상이 교과서

아이들이 학교에서 책을 보고 하는 공부와 그 내용을 직접 눈으로 보고 경험하는 공부는 많은 차이가 있을 것이다. 이론으로 배우는 공부는 그냥 한 번 듣고 마는 경우가 대부분이고 암기식으로 외운 공부이기에 크게 와닿지 않는다. 시험을 위한 공부밖에 되지 않는다. 그러나 실제 그 배운 내용을 눈으로 본다면 어떨까? 몸으로 부딪치며 배운 공부는 기억에 오래 남을 것이다. 몸소 배우니 책에서 깨닫는 것보다 더 클 것이다. 아이들과 여행을 선택할 때 놀이 위주로 놀이공원이나 실내 워터파크, 동물원 등등 가지만, 어느 정도 아이들이 크면서 역사공부 겸 학습 위주의 여행도 많이 다녔다. 서울 경복궁, 안동 하회마을, 도산서원, 경북 문경새재도립공원, 대전 엑스포, 카이스트 대학, 순천 낙안읍성, 진주촉석루, 의령박물관, 고성공룡박물관, 경주불국사, 합천해인사 등등 아이들과 산이나 들로 무조건 나다녔다.

아이들의 첫 번째 해외여행은 일본의 후쿠오카였다. 가장 가까운 나라이고 비행도 몇 시간 걸리지 않으니 편하게 다녀올 수 있었다. 하우스텐보스에서 1박을 했다. 아이들이 한국에서도 놀이공원을 많이 가봤지만, 더 큰 다른 나라의 놀이공원을 실컷 보여주고 싶었다. 이때는 자유 여행을 해서 직접 버스도 타고 기차도 타면서 직접 일본인들과 부딪치며 아이들이 처음 외국이라는 곳을 느꼈을 것이다. 우리나라와 다른 말, 다른 간판, 다른 건물들. 왜 일본은 높은 건물을 더 높이 지을 수 없는지, 우리나라와 종교가 달라 마을 곳곳마다 기도하는 신사가 많은지…. 그 나라는 자연환경상 지진이 많기에 하나의 신이 아닌 여러 신을 모시는 것이다, 지진으로 높게 건물을 못 짓는다, 아파트 층마다 제일 끝 복도는 위아래 개방하는 것이다. 즉, 그 나라의 환경은 건축물과 종교, 문화에 상당한 영향을 끼치는 것이다. 뉴스에서 아베 총리가 이세신궁이라는 신사에서 절을 한다는 보도를 보면, 아이들은 그냥 일본 절인가 보다 할 것이다. 그러나 막상 가보면 뉴스나 책에서 나온 일본이 신사가 이런 곳이구나 하고 느낄 것이다. 또한 일본의 유명 스모선수들이 직접 신사에서 씨

름을 하고 있는 모습을 보면서 직접 인사도 하고 사진도 찍으면서 신기해할 것이다. "책이나 TV에서 봤던 사람이잖아!"

블라디보스토크에서는 아이들은 온통 눈으로 덮인 세상을 처음 봤을 것이다. 부산에는 1년에 한 번 눈이 올까말까 한다. 바다가 얼어 있는 모습도 못 봤을 것이다. 나도 그렇게 아름다운 자연이 있는 블라디보스토크를 보고 한눈에 반했다. 공항에 내리자마자 아름다운 눈의 향연과 자연들이 너무 아름다웠다. 도착했을 때 해가 뉘엿뉘엿 넘어가는 붉은 빛의 노을이 너무나 아름다웠다. 나는 도시적인 느낌보다 자연이 아름다운 나라가 좋다. 아이들이 30cm 높이로 쌓여 있는 눈밭을 폴짝폴짝 뛰고 뒹군다. 아이는 아이다. 손으로 눈을 하늘 위로 마구 뿌려댄다. 행복해하는 아이의 모습이 마냥 귀엽다.

블라디보스토크는 역사 일정으로 하루 선택관광을 아이들과 했다. 역사를 아이들에게 들려주면 좋을 것 같았다. 내가 블라디보스토크를 선택했을 때는 유럽이면서 우리나라보다 가깝다는 이유였다. 가까운 동남아나 주변의 인근 국가는 여러 번 가봤기 때문에, 아시안 문화권이 아닌 새로운 경험을 하고 싶었다. 나는 호기심이 많은 엄마이다. 매일 하는 출근길도 한 번쯤은 새로운 길로 가보거나 새로운 경험을 좋아한다. '코쟁이'인 유럽 사람들, 진짜 외국인들이 가득한 나라를 보고 싶었다. 선택일정으로 같이 한 가이드는 연세 지긋한 50대 중후반 여성분이셨다. 러시아에 혼자 와서 처음에 고생을 많이 했다고 했다. 역사에 대해서 친절하게 설명도 잘해주시고 아이들에게 목마르다고 하니 물도 사주시고 아주 좋은 분을 만나 여행이 더욱 풍요로워졌다. 아이들이 좋아할 만한 S-56잠수함 박물관에 갔다. 2차 세계대전 당시 맹활약을 떨친 구소련의 잠수함을 땅 위로 올려 잠수함 자체를 하나의 박물관으로 만들었다. 내부도 생각보다 훨씬 넓었다. 2차대전 당시 기록을 그대로 남아 있으며 당시에 사용했던 무기와 잠수함전투의 기록을 볼 수 있다. 아이들은 당시의 선장의 코를 만지면 꿈이 이루어진다는 가이드의 말을 듣고 한 번씩 만져보며 특히 큰아이는 야구선수의 꿈을 이루어지길 한번 다짐해본다. 잠수함 뒤쪽으로는 2차 세계대전당시 희생자의 이름이 새겨진 벽이 있고 여기에 영원히 꺼지지 않도록 희생자의 넋을 기리는 불꽃이 활활 타오르고 있다. 아이들은 알 것이다. 전쟁으로 인한 배 안의 화약고 폭탄이 그 당시에는 대단한 위력을 지녔겠지만 결국 전쟁은 서로에게 아픔만 남으며 평화만이 진정 답이라고….

괌에서도 아이들에게 교과서처럼 배운 내용도 많았다. 괌도 전쟁의 아픔이 많은 나라였다. 옛날에는 힘 있는 나라가 더 많은 땅을 차지하기 위해 그렇게 싸웠나 보다. 괌은 세계 2차대전의 일부인 태평양 전쟁을 겪었던 나라이다. 태평양전쟁은 1941년부터 1945년까지 원래 미국령이었던 땅을 일본이 탈환하고자 괌에서 격전을 일으킨 전쟁이다. 괌이 그만큼 자연이 아름답고 자원이 풍부해서 그렇게 세계 여러 나라가 탐을 냈나보다. 아름다운 자연과 그 당시 전쟁에 쓰였던 포들을 보면서 아이들은 다시 한 번 느낄 것이다. 책에서만 보던 세계 2차대전이 이런 것이었구나!

괌은 고유한 그 나라의 전통 원주민의 역사가 있다. 괌 차모로 문화는 마이크로네시아에서 가장 오래된 문명으로 음식과 노래, 춤, 축제 그리고 건축물에 이르기까지 다양한 미쳤다고 한다. 그러나 우리가 실제로 괌을 방문하면 이러한 문화가 있다는 것을 알지만 실제로 활성화되어 보이지 않았다. 전쟁 이후 개척자들에 의해 오랫동안 관습도 사라졌다. 그나마 직조만 주요 문화로 남아 있으며 차모로족의 정신을 이어준다. 대부분 괌은 휴양과 쇼핑이 목적인 관광객이 많다 보니 역사에 대한 부분은 나처럼 자녀가 있거나 꼭 필요해서 찾아가지 않는 한 기본적인 느낌만 받는다. 우리나라에 오는 외국인들이 경복궁이나 전통한옥을 찾는 그런 느낌일 것이다.

우리의 일정상 차모르 문화를 직접 체험을 못한 게 조금 아쉬웠다. 보통 그 나라 시장을 보면 그 나라 사람들의 생활모습을 볼 수 있고 어떻게 살아가는지 엿볼 수 있다. 실제로 그동안 여러 나라를 다니면서 본 그 나라만의 시장은 가장 그 나라다움을 보여주었다. 우리나라에 오는 외국인을 생각하면 같은 이치다. 명동이나 동대문 시장을 보는 게 가장 그 나라의 문화를 직접 생생하게 느끼고 싶기 때문이다. 직접 현지인과 부딪치기에 시장만 한 곳도 없을 것이다. 여행가기 전 책에서 미리 봤던 내용들을 미리 대충 알고는 있었다. 괌 차모르 야시장은 차모르족이 만든 공예품을 구입할 수 있고, 여기만큼 좋은 공예품을 구입할 곳이 없기에 많은 방문객들이 방문한다고 한다. 괌 원주민 인형, 코코넛 열매를 깍는 작은 의자, 괌 국가가 그려진 천, 목공예품등을 둘러보는 것만으로 토속적인 느낌을 받을 수 있을 것이다. 야시장이 열리는 매주 수요일 저녁은 현지인과 관광객이 가장 많다고 한다. 마을 사람들이 보여주는 차모로 춤을 볼 수 있고 야시장이 항상 그렇듯 꼬치나 바비큐를 빼놓을 수 없다. 5달러로 가격도 저렴하게 먹을 수 있다고 한다. 처음가시는 분들은 꼭 한 번 체험해볼 만하다. 아이들에게 이러한 생생한 시장의 문화는 진정 살아 있는 교과서이다.

아이들은 알 것이다. 초등학교 책에서 나오는 역사적 장소들이 한 번쯤은 엄마 아빠와 가본 장소라는 것을, 그리고 친구들에게 말할 것이다. "나 여기 가봤어!" 그러면서 아이들이 느끼는 게 다를 것이다. 직접 내가 보았던 그 장소들을 다시 상기할 것이다. 그러면서 암기식 위주의 공부가 아닌 진정 기억 속에, 가슴속에 남는 공부가 될 것이다. 우리도 그렇게 커왔다. 책에서 주는 이론은 그냥 이론뿐이고 세상을 알려면 현장과 경험이 진정한 지혜로 일깨워준다는 것을⋯. 그래서 앞서간 어른들의 지혜를 삶의 가르침이라 여기며 무시하지 못하는 것처럼 말이다.

책 속의 원론적인 내용보다는 눈앞에서 직접 보고 부딪히며 경험하는 여행을 통해서 세상과 세계를 더 많이 알아갔으면 한다. 사랑하는 우리 삼형제들아!

예굼터, 개선문, 유람선 내부, 유람선(왼쪽 위부터 시계 방향)

06

아들 셋 엄마는 무엇이든 할 수 있다

나를 본 사람들은 아이가 셋이라고 하면 안쓰럽다는 듯 본다. 그리고 아들만 셋이라고 하면 더더욱 그렇다. 요즈음 같이 자녀가 없는 부부도 많고 하나만 놓고 잘 살자는 부부도 많다. 그렇기에 나는 요즘 같은 시대에 맞지 않는 다자녀 엄마이다. 또 찾아보면 아이 셋 엄마가 많기도 하다. 그러나 직접적으로 주변에 딱히 몇 명 없기에 손꼽히는 것이다. 그리고 워킹맘이다. 일과 가정 모두 병행하면서 나는 내 삶의 기쁨도 중요하게 여기는 엄마다. 아이도 중요하다. 그러나 나는 내가 더 중요하다. 엄마가 자신을 먼저 사랑하는 게 중요하다. 엄마가 바로 서야 가정이 평화롭다. 자녀에게 "내가 너희를 위해 어떻게 했는데."라고 하는 엄마는 자녀에게 죄책감을 지워주게 된다. 아이에겐 상처다. 엄마가 한 사랑이 아이에게 짐이다. 나는 그런 엄마가 되기 싫었다. 같이 성장하는 엄마이고 싶다.

나는 여느 엄마처럼 남편한테 다 부탁하지 않는다. 아이가 셋인데다 맞벌이 때문에 집안일, 아이들 공부를 각자 같이 부담한다. 맞벌이에 아들 셋을 키운다는 것은 체력싸움이다. 내가 해야 할 일은 빨리빨리 끝내는 편이다. 재활용, 아이들 식사준비, 장보기, 숙제 봐주기 등 여느 엄마처럼 남편 올 때까지 기다리지 않는다. 요즈음 밖에 다니다 보면 아기 띠를 한 젊은 아빠들이 많다. 엄마들보다 아빠의 가정육아가 요즈음 익숙하다. 그러면 엄마들이 옛날보다 많이 편해진 것 맞는 것 같다. 내가 말하는 것은 남편이 가정과 육아에 도움을 주는 만큼 엄마는 자기의 성장을 위해 시간이 그만큼 확보가 되었다는 것이다. 아이들 보내고 앞집 영희 엄마, 뒷집 철이 엄마, 삼삼오오 모여 수다를 떠는 게 아니라 나의 성장을 위해 자기계발을 해야 한다는 것이다.

나는 시간을 무엇보다 소중히 여기는 엄마다. 내 인생의 반이 지나가고 있다. 제2의 노후를 위해 현재에 준비해야 할 게 많다. 그리고 아이들과의 시간도 중요하다. 아이들이 하루하루 다르게 성장하기 때문이다.

어릴 때는 엄마가 다해줘야 했는데 이제는 혼자서 제 몸 하나 건사할 줄 아는, 소위 말하는 머리가 굵어지고, 그만큼 자아가 생겨 내말을 이제는 안 듣는다는 것이다. 큰아이는 이미 사춘기가 와서 나와 대화할 때 자기에게 맞지 않으면 대들곤 한다. 이게 성장하는 거라고 나는 그냥 이해한다. 아이들이 커지면서 국내 아이들이 좋다는 곳은 거의 가려고 했다. 여행은 특히 내가 좋아하는 것이다. 일을 하다가 쌓인 스트레스를 나는 몸으로 주로 푼다. 운동을 하거나 걷는다.

그리고 최고봉은 당연히 여행이다. 현재의 일상에서 벗어나는 것은 여행만 한 것이 없다. 시골이 산청이라 외할머니가 전원주택처럼 감 농사를 지어서 주로 어릴 때는 시골에 가서 산이며 들이며 아이들을 데리고 다녔다. 그리고 점점 아이들이 크면서 가족여행을 매년 친정가족들과 같이 갔다. 시댁도 홀어머니에 외아들이라 우리는 친정엄마, 시어머니와 같이 여행을 잘 다닌다. 국내는 서울, 강원도, 전라도, 경북 등 매년 지도를 보면서 가족여행을 계획했다. 그래서 차도 스타렉스급 12인승으로 움직인다. 친정아버지 살아 계실 때는 낚시를 좋아해서 남해, 통영, 거제도에 애들 데리고 가서 낚시도 하고 시골 구석구석 다니며 피라미도 잡고 다슬기 잡고 여름이면 바빴다.

남편이 일하고 휴일 맞추기 어려우면 나는 혼자 움직인다. 운전을 하면서 나의 스케일은 더 커졌다. 사실 나는 장롱면허를 10년으로 운전면허증만 따고 운전을 안 했다. 운전을 하게 된 것은 4년 전 아버지가 돌아가시면서 혼자 계신 엄마가 시골에 왔다 갔다 무거운 짐을 옮기고 다니시면 힘들기 때문이었다. 겁이 많고 두려움이 많았지만 환경이 주어지면 하게 되는 게 인간이다. 그러면서 운전하는 게 참 편하다는 걸 절감했다. 아이 셋을 키우면서 그동안 버스도 잘 타고 지하철도 잘 타고 다녔다. 다만 이제는 더 편한 것이 무엇인지 안다. 운전을 하면서 스타렉스도 운전하게 되고, 그러면서 이제는 해외를 캠핑카로 여행을 할 수 있는 능력이 하나 더 생긴 것이다. 여행을 좋아하다 보니 여행 에세이집도 자주 보는데 어느 엄마가 지은 『엄마의 캠핑카』라는 책에서 미대륙을 세 남매를 데리고 캠핑카를 타고 간, 나랑 비슷한 세 아이 엄마의 얘기를 보면서 동지애를 느꼈고, 나도 도전할 수 있겠다고 느꼈다. 얼마나 멋진가! 세 아이를 데리고 직접 차를 운전하면서 여행을 한다는 것이…. 세상은 너무나 익사이팅하고 즐길 거리가 많다.

나를 처음 본 사람들은 아이가 셋이고 아들만 셋이라고 하면 다들 그렇게 안 보인다고 한다. 내 자랑이 아니라 난 자기관리에 철저한 엄마이다. 세 아이를 낳고 기르고 일하면서 자기계발도 꾸준히 했다. 일하면서 아이를 키우면서 나를 관리하려면 시간관리는 필수이다. 아이들을 낳을 때 보통 산달이 다되면 병원 갈 준비물을 챙긴다. 그때 나는 항상 내가 읽을 책을 챙겼다. 아이를 수유할 때는 한쪽으로 누워 모유를 먹이면서 책을 읽었다. 그렇게 나는 스스로 의식적으로 자기관리를 철저히 하고 있었다. 보통 엄마들이 산후 우울증 같은 게 오는데, 그것은 아이에게 모든 게 맞춰지니 어느 순간 엄마 준비가 안 된 내가 나 자신이 없어진다는 느낌이 들면서 힘들어지는 것이다. 나는 그러한 와중에라도 성장하고 싶었는지도 모르겠다. 나는 항상 생각을 했던 것 같다. 어릴 때부터 뭐든지 혼자 해야 된다는 생각에 계속해서 나의 미래에 대해 일어날 일들에 대해서 계속 고민하며 살아 냈다. 현실에 타협하지 않고 계속해서 도전을 하고 내가 무엇을 원하는지를 계속해서 나한테 물었다. 내가 지금 행복한지, 이 세상에서 나의 의미가 진정 무엇인지. 정말 쓸모있는 인간이라면 사회가 나를 원할 것이기 때문이다.

아이 셋을 낳고 기르면서도 일을 놓지 않았다. 회사에서 부득이하게 권고사직을 하지 않는 이상 나는 스스로 계속 일을 붙들고 있었다. 남편 벌어다 주는 돈으로 살림만 살지 않고 스스로 내 경제력을 키우려고 하는 부분이 크게 작용한다. 어릴 때의 넉넉하지 않은 가정형편이 그런 환경을 만든 것도 있다. 아빠 없이 엄마가 일하면서 우리를 키우시다 보니 혼자 제 앞가림을 해야 했기 때문이기도 했다. 그리고 나 스스로 동기를 만들고 그게 내가 살아가는 힘이 될 때가 있다. 사회생활에서 책임감 있는 일들을 한 것도 나의 이러한 성격과 역량이 작용을 한 것이다.

20대 시절 할인점이 한창 오픈하던 시기에 롯데쇼핑공채로 입사를 했다. 고객센터 고객접점에서 사원부터 관리자까지 5년간 전국지방 롯데마트를 오픈시켰고 그 경력이 쌓여 롯데마트 서울역점까지 최종적으로 지원을 하고 오픈조장을 하면서 그 수많은 사람을 상대하면서 키워온 역량이다. 오픈을 하려면 주부사원 캐셔 70여명을 근처 다른 할인점에서 나뉘어 교육관리, 서비스관리 등을 시행할 일괄계획을 세워야 하며 오픈 때를 위해 가능한 모든 계산대를 책임지고 성공적으로 오픈해야 한다. 나는 일하면서 성취감을 느끼는 편이다. 사회생활을 무수히 해오면서 다양한 사람을 만나고 관리하면서 윗자리가 되니 사람들의 말을 들어주는 위치가 되었다.

지방 출신 한 여자가 서울생활 1년을 버텼다. 혼자 서울역 근처에서 자취를 하며 오로지 회사일에만 매달렸고 새벽에 혼자 퇴근할 때 노숙자들의 술병이 나뒹구는 무서울 법한 그런 새벽밤들을 견뎌냈다. 롯데에서 일한 5년 동안 나는 우리집의 가장처럼 일만 한 것 같다. 그래서 그 책임감을 조금 벗어나고 싶었다. 학교졸업하고 결혼하고 아이 낳고 워킹맘으로 13년 살았고 20년 동안 9가지 다양한 일을 해왔다. 이러한 경험은 해외여행을 혼자 할 수 있는 역량을 충분히 키워주었다.

아이들을 혼자 데리고 해외를 간다고 하면 "겁나지 않으세요? 남편 없이 어떻게 혼자 할 수 있어요?"라고 묻는 사람들이 있다. 나는 그럴 때마다 "네." 라고 할 수 있다. 나는 나니깐 할 수 있다고 말할 수 있다. 아이들을 데리고 괌을 갈 때도, 블라디보스토크를 갈 때도, 일본 후쿠오카를 갈 때도 나는 충분히 혼자서 계획하고 아이들을 책임지고 갈 수 있는 역량을 사회에서 키웠다. 그리고 지금 하고 있는 콜센터 일도 10년차다. 사람들과 대면하는 것이 아닌 귀로 듣는 일이다. 좋은 말만 하면 얼마나 좋겠는가. 그러나 세상은 그리 호락호락하지 않다. 자존심 내리깎는 사람들의 전화 속 말들…. 그런 말들을 하루종일 60여 명에게 듣는다. '여보세요' 할 때부터 어떤 성향의 사람인지 이미 판단할 수 있다. 이런 일은 엄마이기에 견딜 수 있으며 내 가정을 지키기 위해 참고 일할 수 있다. 그것은 다 아들 셋 엄마라서, 사랑이 많은 엄마라서 가능한 일이다.

나는 서울 출장 다니며 숙소비 아끼려다 영등포역 근처 홍등가로 잘못 들어가 겁탈을 당할 뻔하고 그걸 피하기 위해 차도로 뛰어들어 사고도 날 뻔하고 사람들이 눈앞에서 따돌림하는 횡포 아닌 횡포도 견디며 무수한 일들을 어릴 적부터 겪어왔다.

남들은 아이 하나 키우기도 힘들다고 한다. 그러나 나는 내가 조금 힘든 삶을 택해서라도 아이들한테는 형제를 선물해주고 싶었다. 나중에 부모가 죽고 없을 힘든 세상을 그래도 피붙이 형제가 힘이 되고 또 힘들 때 서로 의지하지 않겠는가!

아이가 셋인 엄마라서 나는 뭐든지 잘한다. 왜냐하면 아이 하나에게 사랑을 막 주는 엄마보다는 나눠줘야 하니 남보다 3배는 더 열심히 살아야 된다는 뜻이다. 주변에서 열정적으로 사는 엄마들은 대부분 자녀가 셋 이상 되는 엄마 아빠였다. 부모가 되면 자식에 대한 사랑이 그렇게 우리를 이끌고, 또한 그렇게 키운 부모가 있었기에 또한 부모에게 더 잘하게 된다. 내리사랑인 말이 하나도 틀린 게 없다. 그렇게 세상은 사랑으로 돌아간다. 그 사랑의 힘으로 아들이 셋인 나는 뭐든지 잘해내는 강한 엄마로 성장하고 있다. 하고자 하면 바로 바로 실행해야 한다! 세상은 넓디넓으며 우리가 가고자 하는 여행지는 무한정하다. 여행을 좋아하는 그대여, 준비하자! 내 삶의 자아를 찾아서!

07

당신은 할 수 있다 엄마니까!

엄마란 무엇인가? 결혼을 하고 아이를 낳아본 여자라면 가슴 깊이 싸하게 뭉클하게 들어오는 뭔가가 있을 것이다. 애달픔, 힘듦, 존경, 마구마구 가슴이 저며올 것이다. 힘들 때 더 그럴 것이다. 우리 엄마의 삶을 어릴 때부터 지켜봐온 나로서는 그랬다.

한 여자의 일생이 저렇게도 힘들 수도 있겠구나! 평범하지 않은 한 여자의 일생이 참 고달프고, 남들은 한번 겪을 법한 고통을 무수히 겪고 있으며 그렇게 엄마의 삶을 살고 있는 것 같다. 한 여자의 일생이 참으로 한 권의 책이로구나!

나는 아이가 셋이다. 맞벌이로 평범하게 가정생활을 했지만 경제적인 문제가 불거지면서 엄마를 더 사무치게 그리워하게 되었다. 왜냐하면 내가 겪는 고통을 엄마는 혼자서 겪어야 했으니 참 많이 힘들었을 것이다. 그것을 이제야 내가 이해하게 되었다. 의지할 남편 없이 혼자서 아이 셋을 키우셨다. 그리고 길러내셨다. 내가 남 몰래 흘리는 눈물을 엄마는 우리가 안 보이는 곳에서 얼마나 많이 흘렸을까? 내가 남 앞에서 소리 내서 울지 못하고 속으로 혼자 우는 것을 엄마도 했다는 것을 엄마가 되고 알게 되었다.

엄마는 이렇게 힘든 역경에도 겉으로 좀처럼 표현하지 않으셨다. 그러고보면 엄마도 나처럼 여행으로 바깥에서 스트레스를 해소하신 것 같다. 여행을 좋아해서 산이나 들이나 강가로 가서 수시로 피리 다슬기를 잡고 그 자리에서 피리 같은 경우는 바로 튀겨서 먹곤 했다.

아빠가 살아 계실 때는 아빠고향인 경남 산청에 주말마다 갔다. 그때는 지금처럼 집을 짓지도 않아서 아빠 차에 기본적인 살림살이와 텐트가 다 있어 밥해 먹고 잠도 자고 했다. 시골이 아니어도 주변 경남 지역 함안, 밀양, 김해 등 가까운 지역 산골 곳곳에 미꾸라지가 많은 곳이 있거나 고기가 많거나 다슬기가 많으면 그 자리가 우리의 잠자리이다. 밀양 댐을 바라보고 지나가는 기차를 바라보며 바로 잡은 피라미를 그 자리에서 튀겨 먹으면서 셋이 행복했던 추억이 떠오른다.

　아무래도 어릴 때부터 엄마의 영향으로 엄마처럼 진짜 부지런히 잘 다닌다. 젊었을 때의 엄마도 사진을 보면 진짜 많이 놀러다녔고 지금 66세의 나이에도 자기관리를 잘하셔서 친구들과 강원도로 전라도로 잘도 다니신다. 아버지가 갑자기 돌아가신 뒤에도 다행히 극복을 잘하셔서 시골에서 감 농사를 주말농장처럼 하시고 밭일 가꾸시고 하시면서 일도 엄청 열심히 하신다. 나이가 들어도 자기가 할 수 있는 일이 있다는 게 중요한 것 같다. 특별히 생계가 힘든 게 아니라면 말이다. 내가 몸을 쓰고 손을 쓰고 머리를 쓴다는 것은 살아 있다는 활동이다. 그래서 나이가 들어가면서 자기가 좋아하는 일을 찾는 게 중요하다.

　나는 이렇게 활동적인 엄마의 영향과 어릴 때부터 나에게 주어진 환경으로 나는 뭐든지 혼자 잘하는 어른아이로 성장해야 했다. 어릴 때는 무척 힘들고 살아오면서 무수한 고통, 역경이 있었지만 그러한 모든 경험은 내가 여행을 하는 데 강한 힘이 되어 주었다. 왜냐하면 먼 나라에서 일어나는 각종 사건 사고가 이러한 고난에 비해서는 별로 큰일이 아니고 무엇보다 즐겁게 여행을 할 수 있지 않은가? 남들은 걱정할 일을 나는 크게 생각하지 않는 마인드와 정신이 있으니 무엇보다 마음 편하게 여행을 할 수 있는 강한 엄마가 되었다.

엄마들은 아이와 여행을 계획할 때 대부분 사소한 것에 초점을 맞춘다. 대부분의 사람들은 먹을거리, 입을거리, 세세하게 들어가는 각종 아이 용품 등 미리 대비해서 준비를 해야 완벽한 준비라고 생각한다. 남편 없이 이 모든 것을 완벽하게 하려고 하니 버겁다. 그러나 나는 작은 것보다 큰 것을 먼저 생각했다. 그러면 세세한 것은 신경이 안 쓰이니 큰 것만 정해지고 계획하고 추진하면 실행도 금방 하게 되는 것이다. 가령 지금 나는 제주도를 가고 싶다고 생각을 했다. 그러면 나는 바로 제주행 비행기표를 인터넷으로 최저가로 바로 조회한다. 날짜 가격 시간 최대한 효율적으로 계산한다. 무조건 싼 것은 추천하지 않는다. 내가 가고자 하는 날짜, 시간이 우선이다. 거기에 비행기표 바로 구매하고 그러면 가서 1박을 할 것인지 아니면 바로 당일로 올라올 것인지를 정한다. 그러면 숙박도 바로 보고 괜찮은 선에서 바로 결제한다. 그러면 큰 틀은 끝난다. 바로 가면 되는 것이다. 그러나 대부분의 엄마는 이렇게 결정하기까지가 어렵다. 자기확신이 없기 때문이다. 나는 우리가 무수한 선택 속에 만들어졌다고 생각한다. 항상 혼자 어릴 때부터 모든 일을 결정하다 보니 내가 생각한 바가 옳다고 결정하면 바로 실행을 한다. 물론 그 선택이 최선의 선택이 아닐 수도 있다. 그러나 그 잘못된 선택을 한 내가 책임져야 한다.

엄마에겐 여자와는 다른 새로움이 생겨난다. 내 몸을 통해 나온 아이에 대한 모성이라는, 더 큰 사랑이 생겨나기 때문이다. 누구의 선택도 아닌 나의 선택으로 낳은 아이이다. 책임감과 사랑으로 오로지 이세상 엄마와 아빠만이 전부인 아이들이 한 인간으로 성장하려면 무엇보다 가정에서 엄마의 역할이 크다. 나는 무엇보다 에너지가 많은 엄마이다. 사람들마다 스트레스를 해소하는 방법이 다양하다. 나는 나를 잘 알기에 밖으로 나가 걷거나 열렬히 뛰면서 러닝을 하거나 내 에너지를 분출해야 풀린다. 이에 여행은 더할 나위 없이 좋은 방법이다. 그리고 아이들도 아들만 셋이니 금상첨화다. 남들은 딸이 없어 외롭지 않느냐고 하는데 나는 '아이는 아이, 나는 나'가 중요한 엄마이기에 나중에 딸이 효도하는 걸 바라는 엄마가 아닌 스스로 행복을 찾아는 엄마이다. 그래서 다행히 신경은 쓰이지 않는다. 아직은 내가 하고 싶은 게 많고 아이들보다 내 말 잘 들어주는 사랑하는 남편이 있어서이기도 하다.

어릴 때부터 집에 차가 없어 혼자서 시내버스를 종점에서 종점으로 타고 다녔던 적이 있다. 그렇게 나는 밖으로, 내가 가고자 하는 곳은 어디든 다녔다. 내가 지금 생각해보면 집에 엄마아빠가 없으니 그 외로움을 밖에서 찾았던 것 같다. 지금도 그렇지 않은가? 수많은 맞벌이 부부 가정서 자란 아이들이 집에 엄마가 없으니 친구 집이나 외부에서 논다. 요즈음은 핸드폰이나 다른 각종 게임기기들이 많아서 다르겠지만….

난 그랬다. 다행히 그 외로움이 내게 여행의 재미를 선물해주었다.

사람마다 성향이 다르다. 그러나 엄마인 당신은 지금 아이가 무엇보다 건강하고 자기 앞가림 잘하는 아이로 성장하길 바랄 것이다. 갓난아이였던 아이가 어느새 성장해서 자기 꿈을 가지고 삶을 살아내고 있다. 부모가 되어 아이에게 과연 "커서 돈만 많이 벌어라."라고 말할 부모가 있겠는가! 자기가 하고 싶은 꿈을 갖고 행복한 아이로 클 수 있는 아이로 만들어야 하며 무엇보다 독립적으로 자기가 원하는 꿈이 무엇인지를 아이 스스로가 찾아야 한다. 그러기 위해서는 가정에서의 경험, 밖에서의 경험이 필요하다. 내가 생각하는 우리나라뿐만 아니라 세계의 무수한 나라에서 우리 아이가 성장하고 자라고 있다. 태어난 나라보다 더 큰 세상, 더 큰 세계 속에서 우리 아이는 크게 성장한다.

그래서 더더욱 엄마인 당신이 맡은 역할이 큰 것이다. 사회에 나가 당당히 커갈 당신 아이를 위해서 그것을 최대한 지원해줘야 하는 엄마인 당신! 본인에게도 정확한 자신감 없이 매사 의지하고 책 한 권 읽지 않고 자기계발도 하지 않고 손수 단돈 10원도 사회에서 벌어본 적이 없는 엄마인 내가 뭘 할 수 있겠어! 라고 생각하는 당신! 진정 변해야 할 당신! 변해야만 한다! 아이는 엄마의 모습과 아빠의 모습으로 자라난다. 그게 가정환경을 무시할 수 없다는 말이다. 사랑으로 태어난 아이! 행복하게 꿈꾸는 삶을 선물해줘야 되지 않겠는가! 엄마라는 역할로 무장한 당신! 진정 오늘 무엇부터 해야 할지 한번 진정으로 고민하고 그리고 진정 하고자하는 자신감으로 무장했다면 이제 실행을 꼭 해보라! 자기 안의 힘이 무한정 넘칠 것이다!

진심으로 이 세상의 모든 엄마를 응원한다!

08

엄마! 여기는 천국이야! 괌 PIC

    괌으로 여행지를 선택한 이유는 오로지 물놀이를 할 수 있고 리조트 안에서 마음껏 뛰어 놀 수 있기 때문이었다. 이번 여름휴가는 남편 없이 혼자 아이들 셋을 데리고 가야 된다. 이곳 저곳 다니는 관광보다는 휴양과 놀이를 함께할 수 있고 부대시설이 다양하게 체험할 수 있는 여행지를 가고 싶었다. 그중 단연 아이들의 교육과 체험을 다양하게 할 수 있는 PIC을 선택하게 되었다. 기간이 길었다면 더 오래 있고 싶을 정도로 아이들과 나는 무척 맘에 들었다. 괌은 리조트도 괜찮은 곳이 많고 자연이 무엇보다 아름답다. 아름다운 바다를 보고 있노라면 정말 천국에 온 것 같기도 하다. 에메랄드 바닷빛이 진정 멋있다. 한국에서는 볼 수 없는 여유로움이 있고 맛있는 음식도 많고 특히 한국 사람들이 워낙 많이 가다 보니 리조트는 온통 한국 사람들이란 거, 그래서 리조트안에서는 외국인 것을 잘 느끼지 않는다는 것 빼고도 다 좋다.

괌 PIC는 패키지가격이 회사복지혜택으로 30%나 저렴하다 보니 리조트, 식사와 모든 한번에 할 수 있는 골드카드를 같이 포함시켰다. 선택관광은 하루만 할 수 있게 해양박물관, 심해체험, 사랑의절벽 요렇게 하루에 다 넣었다. 또 그때그때 상황에 따라 돌고래체험, 바다 액티비티 체험 등등은 현지에서 결정하려고 남겨놓았다. 괌의 날씨는 맑은 하늘을 보기가 힘든 날이 많았다. 사진으로만 보고 맑은 하늘, 푸른 바다만을 생각하고 간 나는 매일 날씨가 좋지 않다는 것을 알았다. 그래서 여행가는 달이 건기인지 우기인지 알고 가야 될 것 같다. 그러나 일반 직장인이 회사 일정에 맞춰 휴가일정을 잡다 보니 그렇게 다 따지고는 여행을 못 간다. 그냥 여행갔을 때 날이 좋기만을 바랄 수밖에….

괌에 처음 도착하자 한 것은 아이들과 해양박물관을 보고 저녁을 씨푸드식당에서 밥을 먹었다. 아이들과의 여행은 저렴한 저녁 비행기보다 아침에 출발하고 저녁에 오는 비행기라 도착했을 때는 오후쯤 되었다. 처음 괌에 왔다는 사실! 괌이 미국령이라는 곳! 보통은 공항에 내리면 뭔가 대단한 일이 일어날 것처럼 기대를 한다. 그러나 사람 사는 곳이라 비슷하다. 해양박물관은 한국에서도 아이들이 엄청 많이 다녔던 곳이라 아이들이 그냥 '물고기들이 있네' 정도로 바라본다. 씨푸드식당은 한국 사람들 입맛에도 맞게 깔끔한 식사였다. 첫 식사를 한 것 치고는 맛있게 아이들도 먹었다. 그러나 패키지 식당들이 그렇듯 뭔가 하나가 빠진 듯한 느낌은 뭘까? 그래서 맛집을 검색하고 찾아서 여행을 하는 이유이기도 하다. 아이들과의 여행은 너무 욕심을 부리면 안 된다. 그냥 아이 컨디션 맞추면서 무리한 일정보다 여행의 즐거움만 느끼면 된다.

리조트에 도착해서 이용방법과 부대시설들에 대해 설명을 듣고 이제부터 진정 여행을 아이들이 즐겼다. 온통 물놀이세상! 천국 같은 아이들의 여행을 즐겼다. 아침부터 저녁 폐장 전까지 자기들끼리 잘 놀았다.

PIC의 장점은 아이들이 체험할 수 있는 놀이 문화가 많다는 것이다. 카약을 타면서 직접 노를 젓고 바다 밑에 물고기를 직접 눈으로 보고, 아름다운 바다 위에 혼자 있는 것 같은 이런 자연의 느낌이 너무 좋다. 하늘엔 뭉게구름 주변에 아름다운 산과 섬들로 아름다운 경치! 진정 천국 같다. 물안경을 끼고 바다 밑의 고기들을 보면서 "엄마, 나 고기 봤어. 색깔들이 정말 다양해."라고 아이들이 신나서 말했다. 뜨거운 태양빛에 검게 그을릴 만큼 정말 신나게 아이들은 잘 논다. 시골에서도 엄청 물고기 잡고 다슬기 잡고 잘 다녀서 그런지 물 만난 물고기처럼 신난다.

PIC 체험

PIC의 또 다른 장점 중 하나는 2018월 4월, PIC괌이 야심차게 선보인 영유아 돌보미 서비스가 있다는 것이다. 만 1세부터 3세까지 유아를 대상으로 하며, 국내 어린이집 12년 경력의 한국인 매니저가 총괄 운영을 맡아서 하고 있다. 1일 최대 4시간까지 이용 가능하며, 기저귀와 물티슈, 여벌의 옷 등 필요한 물품과 이유식은 보호자가 지참해서 주면 된다. 또한 어린이들의 천국 PIC을 특별하게 만드는 곳, 바로 키즈클럽이다. 만 4세부터 12세 이하 어린이라면 누구나 무료로 참가할 수 있는 키즈클럽을 운영하고 부모가 쇼핑하고 골프 등을 즐기는 동안 어린이들은 클럽메이트와 세계 각국에서 온 친구들과 함께 각종 스포츠와 게임, 액티비티를 하면서 자연스럽게 영어를 익히는 색다른 교육의 효과를 얻을 수 있다. 영어수업, 양궁수업, 골프수업, 스킨스쿠버, 점핑 등 스케줄만 잘 관리하면 체험할 수 있는 프로그램을 이용할 수 있다는 것이다. 그리고 웨딩채플은 남태평양의 아름다운 풍경 속에 울려퍼지는 사랑의 서약이다. PIC괌의 세인트 라구나 채플웨딩은 생애 가장 로맨틱한 순간을 더욱 특별하게 만드는 서비스다. 아름다운 바다를 보며 프러포즈를 받으면 얼마나 아름다울까! 결혼식이 끝나고 프라이빗 화이트 테라스에서 고급 피로연까지 가능하니 아이뿐만 아니라 사랑하는 연인 사이에도 PIC을 추천할 만하다.

나는 매일 아침에 러닝 운동을 좋아하다 보니 헬스장에서 러닝을 하면서 우리나라 사람이 아닌 외국인과 아침에 같이 운동하는 느낌도 색달랐다. 이른 아침 눈을 떠서 산책하면서 바라본 투몬비치는 과히 아름답기 그지없다. 이것이 진정 여행이다. 온 세상이 나에게 맞춰진 듯한 자연이 나를 반기고 있다. 나도 즐기고 아이도 진정 행복함을 느꼈다. 여행은 그런 것이다. 뭘 대단히 많이 하지 않아도 느끼는 그 행복감을 느끼기 위해 난 항상 새로운 여행을 꿈꾼다.

괌여행을 계획할 때는 아이 셋과 나만 오려 했다. 그러나 막내도 어른 하나 요금을 다 똑같이 받는다고 해서 그러면 어른 한 명 더 추가로 가고 막내는 아동 요금으로 저렴하게 할인받아 가는 게 더 좋을 것 같아 급히 시어머니께 같이 가자고 하니 거부하신다. 그래서 친정엄마가 합류했다. 엄마도 여행을 좋아하시기도 하고 괌이라는 나라를 안 가봤으니 너무 좋아하셨다. 여행은 누구랑 가느냐 하는 것도 중요하다. 갔다 왔더니 엄마는 다음엔 너희들끼리 가라고 한다. 왜냐하면 일정이 애들 위주로만 맞춰져 있어서 편한 친구들과 여행을 가는 것과는 다르니 말친구가 없어 재미가 없었나 보다. 다음엔 엄마랑 둘이서만 오고 싶었다.

밤에 하는 수영은 정말 야경도 예쁘고 운치가 있었다. 엄마랑 맥주 한 잔하면서 수영을 하는 기분은 뭐랄까? 정말 힐링이 되는 기분이랄까? 아이들도 신나게 야간수영을 즐겼다. PIC에서는 선셋 바비큐와 전통공연을 한다. 일정상 스케줄이 안 맞아 바비큐 체험은 못했다. 그러나 전통공연은 볼 수 있었다. 전통 불춤으로 아이들도 신나하고 엄마도 밥 먹으면서 디너쇼처럼 볼 수 있으니 행복해보였다.

아이들은 진정 괌이라는 나라를 즐겼다. 여기가 외국인지는 알 것이다. 우리나라와 다른 외국이다. 온통 자기들을 위해 있는 곳이라 천국처럼 여겨질 것이다. 괌 PIC가 그렇게 느껴질 것이다. 초등학교 시절에 딱 맞는 여행지다. 아이들은 성장하면서 물놀이가 식상할 때쯤이면 여기보다 더 좋은 여행지를 찾을 것이다. 여행은 자기의 환경과 주변에 여건에 따라 바뀐다. 그러나 현재는 괌 그리고 PIC가 진정 천국일 것이다. 내가 하고 싶은 것이 다 있고 먹고 싶은 것을 얼마든지 먹을 수 있고, 이게 진정 여행을 즐기는 것이다. 그렇게 즐기는 아이들을 보면 엄마는 행복하다. 자녀 입에 밥 들어가고 웃음이 넘치는 것을 보면 어느 부모가 행복하지 않을까! 그러면서 엄마는 또 다른 아이들의 즐거움을 위해 기꺼이 다른 여행지를 찾게 된다.

2장

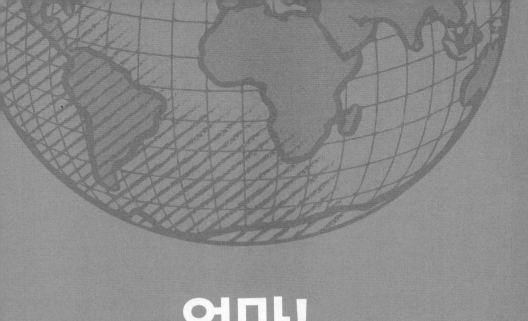

엄마!
왜 나라마다
돈이 달라?

01

엄마! 루블이 러시아 돈이야?

　여행을 준비할 때 환전은 기본이다. 그 나라의 돈을 알아야 여행 가는 예산을 잡고 물가를 알고 얼마의 돈이 필요한지 판단이 된다. 여행 경비는 세끼를 기준, 필요한 최소경비와 소소한 간식거리, 쇼핑거리, 필요한 선물 부대비용 등을 고려해야 한다. 여행의 목적에 맞게 큰 틀을 고려하면 항공, 숙소만 기본적으로 정해지면 그다음에 세세한 경비를 정한다. 러시아는 기본적인 달러가 통용되지 않는 나라다. 우리나라에서 미리 바꿔서 갈 수도 있으나 처음이라 달러로만 준비해 가서 현지 러시아 돈 '루블'로 환전하기로 했다.

눈의 세상

러시아공항은 다른 어느 나라보다 소박하다. 내가 느낀 점은 그렇다. 처음 공항에서 내린 창밖의 눈이 너무 아름다워서 거기에 정신이 팔리기도 했다. 입국심사를 마치고 공항으로 처음 나왔을 때는 참 조용한 나라이고 자연이 아름다운 나라라는 느낌을 받았다. 공항에서 먼저 환전을 해야 된다는 생각을 하지 못했다.

내가 갔던 1월의 블라디보스토크는 굉장히 조용했다. 아무래도 비수기이기도 하고 우리나라보다 많이 추운 나라다 보니 사람들이 꺼리기 때문이리라. 숙소까지 픽업하는 블라디보스토크 기사 아저씨는 내가 처음 본 러시아 사람이었다. 달러만 들고간 데다 말도 안 통해서 난감했는데, 다행히 한국 관광객을 많이 접해본 분이라 기본적인 우리말이 가능했다. 내가 바깥의 눈풍경과 노을지는 풍경을 감탄하며 보고 있자 잔잔한 음악까지 틀어주신 센스있고 친절한 분이셔서 무척 마음에 들었다.

그렇게 난 공항에서 환전하는 것도 잊어버리고 바로 숙소로 갔다. 그래서 실제 러시아 돈이 없는 상태에서 무엇을 사기가 그랬다. 그래서 큰 마트에 가서 오늘은 아이들이랑 간단히 숙소에서 한 끼를 해결하기로 했다. 마트에서는 카드가 통용이 되니 말이다.

러시아 화폐단위는 '루블'이다. 표기할 때는 RUB이라고한다. 지폐 9종류와 동전 4종류가 있다. 우리나라 돈 환전을 할 때 루블에 곱하기 20을 해주면 한국 돈으로 대략 얼마 정도 되는지 알 수 있다.

미국의 달러, 중국의 위안, 일본의 엔은 우리나라에서 주요 통화로 분류되기 때문에 환전이 쉽지만 러시아 화폐의 경우 은행마다 보유량이 적거나 없는 경우도 있어서 환전이 가능하더라도 수수료가 높은 편이다.

러시아 돈을 환전할 때는 크게 2가지 방법으로 환전할 수가 있다. 한국에서 한국 돈을 러시아 루블로 바꿔가는 방법과 한국에서 한국 돈을 미국 달러로 바꾼 뒤 러시아로 가서 미국 달러를 루블로 바꾸는 이중환전 방법이다. 한국에서 루블로 바꿀 때는 자주 가는 은행에 직접 내방하여 바꾸면 되는데 루블은 기타 통화에 속하기 때문에 높은 수수료를 지불해야 한다. 12% 정도의 수수료를 지급해야 한다. 그래서 나는 그냥 달러를 바꿔서 필요한 만큼 가서 루블로 바꿔쓰기로 했다.

첫날은 돈을 환전을 못해 마트에서 아이들이랑 먹을거리를 사서 간단히 숙소에서 해결했다. 그리고 뒷날 선택관광에서는 아르바트 거리에 환전하는 곳이 있어서 가이드에게 일부 관광 일정 중에 환전소를 가자고 했다. 가이드는 친절히 일정도 잘 다니면서 설명도 잘해주고 아이들이 목마르다고 하면 물도 사주고 정말 친절하고 다정다감한 분이었다. 러시아 말이 조금 어려운데 나름 적응도 잘하고 러시아의 역사를 정확히 알고 설명해주는 친절한 가이드가 정말 멋져보였다.

나라마다 여행 갈 때 그 나라의 돈을 공부하는 것이 아이들에게 산공부인 것 같다. 일본에서는 엔화, 괌에서는 달러, 러시아에서는 루블. 아이들에게는 우리나라 돈이 아닌 다른나라의 돈이 새로운 것이다. 그리고 서로 다르다는 것을 배울 것이다. 먼저 경제문화 환경이 다르다. 매일 보는 옆 사람, 옆 친구는 똑같지만 우리나라를 벗어나 한 걸음 더 세계로 나아가면 눈 색깔, 머리 색깔, 얼굴이 다르고 쓰는 언어도 다른 아이들과 어른들이 이 세상에는 많고 다양하다. 그리고 그 나라에서 쓰는 돈도 생김새와 가치가 다르다. 이런 다른 환경을 접하면 아이들은 세계는 무한히 넓고 나라들도 많고 다양한 돈이 있다고 생각할 텐데 이런 과정에서 아이들은 세계 속의 돈을 더 깊이 알아가게 될 것이다.

나는 아이들과도 여행을 가지만 2018년 말에는 대만의 101빌딩 불꽃축제를 보기 위해 마음 맞는 친구랑 둘이서 대만 여행도 다녀왔다. 그리고 또 대만 돈을 알게 되었다. 우리나라와 비슷한 물가 수준이었기에 계획성 있게 돈을 준비해서 친구랑 둘이 여행을 했을 때는 또다른 세상이었다. 나는 13년 동안 세 아들을 낳고 기르면서 이제 나이가 어느 정도 들고 나를 찾으면서 처음으로 남편과 아이 없이 친구랑 둘이 대만 여행을 가게 되었다. 나랑 같은 애 셋 엄마이지만 나보다 일찍 결혼한 탓에 첫애가 벌써 대학생이다. 난 이제 초등 6학년인데…. 친구의 막내딸과 나의 첫째아이가 유치원부터 같이 다니면서 친하게 된 엄마이다.

　나는 워킹맘이라 평소 집 주변에 있는 엄마들과 아이 학교생활에 크게 관여하지 못 한다. 그래서 마음이 맞고 가치관이 비슷한 엄마 몇 명과만 관계를 이어간다. 나보다 앞서서 아이를 키우고 대학교까지 길러 내었으니 정보와 노하우가 많다. 그리고 무엇보다 책을 좋아하고 방과후 독서지도를 하고 자기 일에 나름 주관이 뚜렷하다. 아이에게 크게 학업을 강요하지 않고 아이 스스로 키우는 교육철학도 서로 비슷하다. 여러모로 여행은 마음 맞는 친구와 가는 게 맞다.

　세계 여러 나라의 돈은 다양하다. 아이들은 러시아 돈 '루블'을 알았지만 실제 한국에서 생활을 많이 하니 한국 돈을 더 잘 계산한다. 지금도 매주 자기가 계획한 일들을 성취함으로써 용돈을 받아간다. 돈은 그렇다. 어떠한 가치에 대한 대가로 쓰는 도구이다. 아이가 지금은 어려서 엄마랑 아빠랑 여행을 다니지만 나중에 아이가 컸을 때는 더 세계화가 되었을 것이다. 그러면 가까운 일본, 동남아 등은 기본적으로 갈 수 있고 그 나라 돈을 이미 한 번 사용해보고 계산해봤으니 더 잘 알 것이다.

우리나라 돈만 알고 있는 친구들도 많다. 아이는 주변 친구들과 이야기하면서 알 것이다. 나는 세계의 다른 나라들을 엄마랑 다니면서 마트도 가고 선물점에도 가고 할 때 그 나라에 맞는 다른 나라 돈이 필요하다는 것을….

아이가 "루블이 러시아 돈이야?"라고 질문할 수 있다는 것 엄마랑 여행을 갔기 때문이라고 할 수 있다. 아이는 다양한 경험이 필요하다. 그중에 여행을 가서 많이 보고 경험하는 학습만 한 것이 있겠는가! 내가 아이들을 데리고 여행을 하는 이유는 그렇다. 한 번뿐인 인생은 행복하게 살자는 것이다. 자기가 누리는 그 틀에서 벗어나지 못한 삶이 아닌 다양한 경험을 통해 나를 알고 사회를 알고 세상을 알고 인생을 앎으로 인해서 멋진 삶을 살아갈 수 있다는 것이다.

나도 세계의 여러나라의 돈을 알아가며 여행에서 그 돈을 쓸 때마다 깨달으면서 배운다. 아이도 많은 세계의 다양한 돈을 알고 또 그 돈으로 여행을 하며 많은 나라들을 다니면 세계의 돈을 알고 진정 삶을 즐기며 살게 하는 게 엄마의 바람이다!

02

괌, 블라디보스토크, 나라마다
마트는 언제나 정답이다

아이들과 여행에서는 세끼 먹는 식사 말고도 들어가는 간식과 주전부리 음식을 구입하는 해외마트는 아이들과의 여행에서는 필수 코스이다. 그 나라에서 무엇을 파는지 각종 야채나 가공식품 다양한 물품을 구경하면 그 나라의 문화도 볼 수 있다. 우리나라 마트 쇼핑도 즐겁듯이 눈요깃거리가 가득하고 우리나라와는 다른 다양한 제품을 구경하기에 마트는 언제나 행복하다. 해외에서는 하루하루는 즐거운 축복이다. 아이들과 재미나게 놀고 맛있는 음식을 사서 같이 맛있게 먹고 매일 똑같은 일상을 벗어난 여행에서의 마트는 더할 나위 없이 즐거운 추억이다.

괌에서 아이들과 머문 곳은 괌 PIC이다. 3박4일 일정으로 여행을 갔다. 거의 리조트에서 생활을 하다 보면 먹을거리가 리조트에서 나오는 밥만으로는 아이들에게 충분하지 않다. 다행히 근처 괌에서 유명한 케이마트가 리조트에서 가까이 있어서 낮에는 리조트에서 물놀이를 하면서 실컷 놀고 근처 케이마트가 24시 운영하여 아이들과 밤에 가서 다양하게 쇼핑할 수 있어 좋았다. 케이마트에서 유명한 쇼핑리스트를 여행가기 전 한번 대략 조사를 했다.

괌은 미국령이라 우리나라에서 살 때보다 저렴하게 질 좋은 외국브랜드를 구입할 수 있으니 아기 용품을 구매하거나 아이를 가진 부부들이 태교여행을 주로 가는 곳이 괌이었다. 젖병도 싸고, 물병도 싸지만 태어난 아이의 성향이 안 맞을 수도 있으니 싸다고 무조건 구매하는 것은 아니다. 아이용 발진크림으로 유명한 데스틴은 보라색과 하늘색이 있는데 저렴하고 유명해서 둘 다 구입하는 엄마들이 많다. 아이들 침독을 해소하는 크림으로 아쿠아퍼도 유명해서 많이 구입을 한다. 나는 아이들 귀 체온계가 자주 고장이 나서 브라운 제품을 구입하려고 했으나 이미 많은 쇼핑객들이 모두 사 가서 우리가 구매하러 갔을 때는 주요 아기용품은 거의 재고가 없었다.

우리나라에 들어오는 좋은 유아용품 브랜드가 그 나라의 브랜드다 보니 우리보다 많이 저렴한 것은 맞다. 그러나 싸다고 무조건 사는 것은 아니며, 자기가 계획한 유아용품을 미리 리스트를 작성해서 가격표와 비교한 후 구매를 하는 것이 좋겠다.

우리나라 사람들이 많이 구입하는 센트룸 영양제가 있다. 센트룸 영양제 종류도 색깔별로 성분별로 다양해서 자기 성향에 맞는 것을 구매하기를 권한다. 그리고 우리가 잘 먹는 스팸종류도 어찌나 색깔별로 다양하게 많고, 초콜릿 종류도 엄청 많다. 우리나라보다 스케일이 커서 그런가 모든 게 크고 종류도 많다. 리조트에서도 바나나칩이나 망고젤리가 가볍게 선물하기가 괜찮고 맛있어서 대량포장으로 많이 구매를 한다. 우리는 리조트에서 간단하게 먹을 과일들과 아이들이 그래도 외국에 왔으니 아이들이 좋아하는 장난감을 하나씩 구입하라고 했다. 첫애는 야구를 좋아하니 야구 글러브와 둘째는 스파이더맨 장난감을 구입하고 먹을 간식 몇 개만 구입하고 나왔다.

리조트와 거리는 가까우나 돌아갈 때는 물건도 많고 어두운 밤이라 기다리고 있는 택시를 타고 왔다. 거리는 10분도 안 걸리나 택시는 거의 6천 원가량 나온 것을 보면 여기서는 우리나라보다 비싼 게 택시비인 것 같다. 괌에서는 이동수단을 이용할 것 없이 다행히 리조트에서만 놀고, 선택관광으로 가는 곳은 거의 자가용이 오니 교통비가 부담이 없지만, 혹시나 자유여행이나 올 것 같으면 필히 렌트를 해서 자유롭게 다니는 게 맞는 것 같다. 괌에서도 조금 외곽으로 떨어진 마르보동굴과 클리프 사이드를 관광할 때 우리나라 젊은 여행객들이 렌터를 이용해서 여행하는 모습을 봤다. 괌에서는 렌트를 하되 외지에 주차를 하거나 차 안에 귀중품을 놓고 다니지 말라고 하는 게 이런 이유일 것이다. 외지에서는 도난이 일어날 경우가 많다고 했다. 이런 동굴 같은 곳은 거의 숲속 깊은 곳이라 아이들과 차에서 내려서도 한참을 걸어 들어갔다. 나도 다음 괌 여행을 할 때는 렌트로 자유롭게 여행을 하고 싶어졌다. 조금 더 그 나라를 가까이서 볼 수 있기 때문이다. 괌케이마트는 전반적으로 우리나라의 이마트나 홈플러스 같은 대형마트를 더 크게 만든 느낌이었다. 24시간 편리하게 이용할 수도 있고 우리나라에서는 잘 알려진 물건들을 저렴하게 구입할 수 있는 등 장점이 많았다.

블라디보스토크에서는 우리가 머문 숙소에서 약 15분 정도의 거리에 마트가 있었다. 여행 첫날 공항도착 후 오후 일정이 없어서 숙소 도착 후 근처에서 간단히 식사를 하려고 식당을 찾아왔다. 에어텔 일정이라 같이 가는 여행객 일행들과 같이 숙소로 가기 위해 차량을 타는 과정에서 여자 둘과 남자아이 하나가 같이 왔다. 포항에서 왔다고 했고 되게 밝고 긍정적이었다. 숙소 도착 후 같이 근처 밥집에서 밥을 먹기로 해서 우리는 처음 블라디보스토크 거리로 다 같이 나갔다. 1월에 간 블라디보스토크는 영하 19도의 강추위의 날씨였다, 나는 온통 눈과 얼음 세상인 그 나라에 도착하자마자 흠뻑 빠졌다. 온 세상이 하얀 그 나라가 나는 깨끗하고 자연이 아름다워서 좋았다. 포항친구들은 유심충전을 안 해서 우리가 지도로 조회하면서 근처 식당을 찾기로 했다. 그런데 주변지역이 조금 외진 곳으로 번화가처럼 붐비는 지역이 아니라서 일반 주택들이 많았다. 혼자 여행하기에는 작고 조용한 마을 같은 곳이었다. 근처에 피자집 레스토랑 같은 곳이 있었으나 첫날 간단히 먹기에는 부담되어서 우리는 그냥 가까운 마트에서 장봐서 각자 숙소에서 먹기로 했다. 그렇게 첫날 무턱대고 지도 하나 보며 여자 셋, 아이 셋은 눈속을 헤치며 마트를 향해 걸었다.

처음 간 마트는 말 그대로 우리나라의 동네 슈퍼 같은 곳이었다. 특이한 건 우리나라 식육점에서나 볼만한 훈제고기들이 부위별로 마트에 걸려있고 큰 다리들이 종류별로 한 매대를 차지하고 있었다. 마트 안은 이 냄새로 조금 눅눅한 듯했다. 추운 지방이라 조리된 고기들이 마트에서도 다양하게 판매되고 있었다. 여기 슈퍼는 우리나라와 비슷했다.

조금 더 큰 곳인 줄 알고 방문한 다음 마트는 장난감 대형마트였다. 우리가 한국처럼 찾는 마트는 한참을 걸어 드디어 찾게 되었다. 역시 고생 끝에 찾아야 보람을 느끼듯이 블라디보스토크의 마트는 우리나라 이마트나 홈플러스 같은 곳이었다. 첫 입구부터 그 나라의 야채나 과일이 진열되어 있었고 안의 내부는 우리나라 대형마트와 거의 유사하나 파는 제품과 음식들이 다양했다. 아이들이 저녁거리로 간단히 할 수 있는 샐러드와 닭, 고기완제품들을 구경했다. 보이는 음식과 맛을 판단할 수 없으니 쇼핑 온 사람들이 유심히 많이 구입한 음식들을 고르는 것을 보고 그리고 많이 팔린 상품이 그 나라 사람들이 많이 먹고 맛있겠다고 생각했다. 우리도 모르는 곳에 가면 사람들 많이 가는 곳에 가는 게 뭔가가 다른 게 있지 않을까, 하고 거기로 간다. 그런 것처럼 보기에도 맛있어 보이는 닭과 훈제고기 제품들과 샐러드처럼 조리된 제품을 그램으로 필요한 만큼 재서 카트에 담았다. 전혀 말이 통하지 않는 점원들과 눈짓, 손짓으로 대충 감으로 주문을 했다.

아이들은 자기 먹을 음료와 과자들을 구경하며 신기해했다. 우리나라와 다르게 수많은 초콜릿 종류와 다양한 빵과 과자들도 대형 제품들이 많다. 블라디보스토크에서 유명한 '알룐까초콜릿'도 구매했다. 포장지의 아기얼굴이 예쁘고 귀여워서 이 아이 모델이 왜 유명한지 보니 세계 최초 여성 우주인인 발렌티나 테레쉬코바의 딸 에레나의 이름에서 유래됐다고 한다. 실제모델은 표지 공모전에서 수상한 작가의 8개월 된 딸이라고 한다. 표지모델이 지금은 60세 가까운 나이라고 하니 얼마나 오래된 초콜릿인지 알게 되었다.

괌 케이마트   빵가게

　일본에서는 작고 귀엽고 아담한 실용적인 문화라면 많이 다니진 않았
지만 괌이나 블라디보스토크 같은 서양 나라들은 체구도 크고 나라도 커
서 그런지 모든 게 큼직큼직하다. 블라디보스토크 여행가기 전, 갔다 온
사람들이 주로 사왔던 제품은 소금 초콜릿 정도만 알고 있었다. 여행 가
기 전 조사할 때 꼭 가봐야지 했던 곳은 없었으나 다행히 숙소 근처 마트
가 커서 나름 만족도 컸다. 시내관광하면서 굼백화점도 유명하다고 하
길래 가보고 시내에 곳곳 우리나라 백화점이나 양판점 같은 곳도 많아서
돌아보니 사람 사는 곳은 다 비슷비슷했다. 다만 그 나라 환경에 맞게 여
기는 한겨울이라 부츠 종류가 다양하고 그런 가게들이 많았고, 추운 지

방에서는 견딜 수 있도록 영양분을 충분히 보충할 수 있게 고기 종류나 알코올 도수가 높은 보드카가 유명하다는 것이다.

여행은 그런 것 같다. 우리는 계속 생활하는 게 아니니 단 며칠도 행복하게 새로운 나라를 여행객의 시선으로 볼 수 있다. 그러나 거기서 매일 생활하는 사람들은 그 환경에 맞게 생활한다. 마트도 그렇다. 우리가 매일 먹는 식재료를 파는 것처럼 그 나라의 자연 환경에 나오는 채소나 과일 공산품 육가공품들이 다양하게 그 나라만의 문화로 보인다. 여행은 그래서 새로운 경험을 알게 한다. 아이들이 일본, 괌, 블라디보스토크에서 다양하게 자기가 좋아하는 과자나 음료를 구입할 때 느낌은 다 다를 것이다. '거기는 뭐가 좋았고 여기는 다른 게 좋다.' 이렇게 비교할 수 있다는 것은 경험이 그만큼 늘어난 것이다. 아이들과 여행 갈 때마다 마트를 간다는 것은 행복이다. 내가 좋아하는 것을 구매할 수 있고 어떤 다양한 제품이 있을지 기대되고 맛있는 음식을 함께 나누고 즐길 수 있는 아이들과 가족이 있기에 여행은 더욱 값진 경험이 된다.

03

우리끼리 버스를 타볼까? 택시를 타볼까?

아이들과 아르바트 거리에서 초콜릿을 구매하고 숙소로 돌아가기 위해 주변의 교통 이용 방법을 알아봤다. 자유여행이라 정해진 차량이 없으니 우리끼리 어떻게 해서든 숙소로 아이들과 돌아가야 한다. 여행 오기 전 블라디보스토크 여행블로그를 보니 막심택시가 잘되어 있다고 했다. 나는 하루종일 아이들과 이곳저곳 돌아다닌다고 몸도 피곤하고 핸드폰에서도 조회가 잘 되지 않아 주변에 있는 버스정류장과 택시를 이용하기로 했다. 평소에 길눈이 밝아 한 번 갔던 길을 잘 찾아가는 편이라 오전에 선택 일정에 차량으로 이동하면서 주변 교통을 유심히 보았다.

가는 방향은 어렵지 않을 것 같아 버스정류장 근처라 금방 갈 줄 알았다. 그러나 역시 언어가 문제다. 블라디보스토크 사람들과는 영어가 전혀 안 통했다. 처음에는 버스를 타려고 질문했다가 말이 안 통하고 버스요금은 간신히 물어서 알아냈다. 가는 버스편만 여행사 가이드님께 물어보고 몇 번을 타고 가는지도 알았다. 그러나 방향이다. 다른 방향으로 가면 안 되는데…. 마음은 블라디보스토크 버스를 타고 숙소까지 가고 싶었으나, 저녁이고 아이들도 춥고 배고프다고 하니 근처 택시를 이용하기로 했다. 역시 택시 운전기사와 말이 안 통한다. 외국에서 택시 운전자만 믿고 타기에 보기에도 선한 택시기사에게 질문한다. 전혀 말이 안 통한다. 나는 핸드폰에 미리 받은 숙소 주소를 보여주고 운전기사가 잘 모르기에 결국에 호텔 전화번호를 기사에게 알려주고 전화 걸어 위치를 물어봐서 데려다달라고 했다. 운전기사와 내가 말이 안 통하니 옆에서 지켜보던 큰아이가 구글 번역기로 운전기사게 말을 건넨다. 어린아이인 줄만 알았던 첫애가 이제 낯선 외국에서 어느새 아빠 노릇을 하고 있다. 내심 뿌듯했다.

그렇게 일단 우리는 택시를 탔다. 나중에 알았지만 이 택시는 우버택시였다. 숙소 근처에 다 왔을 때 우리랑 낮에 선택 관광했던 일행이 야경을 보러 간다고 했다. 참 젊음이 부러웠다. 오전 선택일정에 함께한 투어 일정 일행은 여자 둘, 아이 하나 누가 보면 엄마와 아들 같으나 아니다.

고모와 조카 그리고 친구인 이들은 30대 후반으로 두 분 다 커리어가 있고 나이가 있었다. 고모가 엄마 아빠가 바빠서 조카를 여행에 데리고 왔다고 했다. 참 마음이 따뜻한 고모였다. 함께 다니면서 이런저런 이야기를 나누면서 조금 연예인 포스가 있다 생각했는데, 아니나다를까 포항에서 국립연극배우였다. 아이뮤지컬도 한다고 우리를 초대해주었다. 우리 아이들과 그 조카는 금방 친해져 같이 잘 놀았다.

지금도 가끔 문자가 온다. 가족뮤지컬 할 때 한번 오라는 것인데 포항이지만 나는 마음만 먹으면 어디든 갈 수 있다. 낯선 여행에서 새로운 사람과의 만남은 언제나 설렌다. 한 분은 병원에서 근무한다고 했다. 두 여성분은 나이가 있어 결혼을 꿈꾸나 마땅한 사람이 없다고 했다. 나를 보면서 내심 부러워했다. 결혼도 했고, 아이들과 여행을 함께 다닐 수 있으니 말이다.

이 두 분도 오전에 같이 선택 여행일정을 소화하고 점심도 같은 곳에서 먹고 그 뒤로 자유시간을 가졌다. 두 분은 블라디보스토크 유심도 준비를 안 해서 내심 어떻게 걱정했는데 다행히 한국관광객이 많다 보니 막심택시를 불러 잘 들어왔다고 했다. 그리고 보면 여행정보는 참 유용하게 활용만 하면 블로그가 카페가 많이 도움이 되는 것 같다. 가기 전에는 이미 갔던 사람들의 정보를 잘 정리돼 올려져 있다. 그러나 필요한 정

보만 습득하고 꼭 그 정보를 따라서 할 필요는 없다. 그럼 나만의 여행을 만들 수 없다

　해외에서는 대중교통을 타는 것은 언제나 재미가 있다. 왜냐면 여행을 하면서 그 나라 사람들의 문화를 직접 경험하고 일상처럼 함께할 수 있기 때문이다. 자가용으로 편하게 하는 여행은 수박 겉핥기로 느껴진다.
　직접 시장도 가보고 어떻게 먹고 그 나라의 사람들이 어떻게 생활하는지는 직접 깊숙이 들어가보지 않고서는 알 수 없다. 대중교통은 우리나라만큼은 잘되어 있는 나라도 드물다고 한다. 우리는 매일 타고 다녀서 그 편리함을 느끼지 못해서 그렇지, 해외에 나가보면 알 것이다.

시베리아 기차역

작년 겨울 마지막 12월 31일을 대만의 101빌딩에서 불꽃을 보자고 시작된 친구와의 대화에서 시작된 아이 셋의 엄마인 여자 둘이 그렇게 대만 타이베이 여행을 가기로 했다. 그동안 10년 동안 아이 기르느라 고생한 나에게 주는 선물 같은 여행…. 13년 동안 줄곧 아이 셋을 낳고 기르고 워킹맘으로 살아왔다.

이제는 어느새 아이들도 내손을 점점 떠나가고 부쩍 큰아이들을 보면 내가 많이 살았다고 느낀다. 결혼 이후 친구랑 하는 첫 여행이 참 설렌다. 대만은 우리나라와 비슷하고 대중교통 비교적 물가도 저렴해서 친구랑 가기로 했다. 대만에서는 주로 지하철이 편리하고 버스도 타고 택시도 타고 선택일정으로 버스투어도 하고 나름 너무 재미있었다. 하루 일정을 정말 아침부터 저녁 늦게까지 둘이서 소화하고 아프지 않고 온 이후 역시 우리는 아이 셋 엄마라고 느낀다. 대만의 날씨는 별로지만 그래도 너무 재미있다. 마음 맞는 사람과 여행은 언제나 행복하다.

대만여행은 가기 전부터 우리나라 사람들이 워낙 많이 가니 여행설명회도 한다. 대만여행을 가기 전에는 친구랑 부산 남포동에서 하는 대만여행 설명회도 가서 지하철 할인권과 각종 여행책 작가가 직접 가고 좋은 곳을 설명해주고 커피와 다과회처럼 했다. 내가 좋아하는 여행설명회도 하고 맛난 커피도 주고 너무 신난다. 여행을 가기 전 준비할 때가 제일 행복하다. 그곳에서 어떤 것을 할지 계획할 때가 제일 설렌다. 들어보니 우리나라 사람들이 대만여행을 많이 가니 대만에서도 우리나라에 이런 여행설명회도 지원해준다고들 한다. 지금은 코로나 여파로 여행객이 많이 줄었지만 나름 여행설명회도 들을 만했다. 현지 여행작가가 직접 체험하고 좋은 것을 미리 설명을 해주니 말이다.

일본의 기차 밖 풍경

일본에서의 교통은 후쿠오카공항에 내려 공항버스를 타고 하우스텐보스로 향하는 기차를 타는 일정이였다. 역시 일본어를 잘 모르니 뭐든지 손짓발짓이 필요하다. 하지만 미리 공부해서 어디서 표를 끊고 정확한 시간까지 알고 조사를 해서 수월하게 기차를 탈수 있었다. 해외에서 기차를 타고 가는 일정도 나름 재밌다. 일본의 시골풍경은 우리나라 별반 차이가 없다. 그러나 집 모양은 우리나라와 조금 다른, 예스러움이 느껴진다. 창밖 풍경이 평화로웠던 일본에서의 기차여행도 기억에 남는다.

블라디보스토크에 있을 때, 유럽횡단기차의 종착역이 블라디보스토크라는 말을 들었는데, 나중에 여기서 시작해서 그 끝을 향해 달리는 기차를 한번 타보고 싶다. 여행은 언제나 설렌다. 낯선 나라에서의 호기심은 정말 새롭고 설렌다.

아이와의 여행이든, 친구 혹은 가족과의 여행이든 모두 이동수단을 이용하며 우리는 여행을 즐긴다.

진정 그 나라의 문화를 즐기려면 버스나 지하철, 기차, 택시 등의 다양한 대중교통을 이용해보면 된다. 그 나라의 대중교통을 이용하면서 그 나라 사람들의 얼굴, 표정, 생활모습을 눈으로 볼 수 있다. 이 나라 사람들의 여유로움과 행동을 보면서 나도 그 사람들 속에 낯선 이방인이 아닌 현지인처럼 느껴진다. 여행에서는 그렇다. 새로운 공간에 오로지 나만 있고 그 속에 나를 포함시켜 바라본다. 우리가 매일 느끼는 일상은 지루하고 익숙하다. 그래서 여행에서의 하루하루는 축복이다.

여행을 하면서 버스를 탈까, 택시를 탈까, 고민한다는 것은 새로운 경험이다. 아이가 이렇게 낯선 나라에서 하는 새로운 경험은 호기심과 창의적인 사고 발달에 큰 도움이 될 것이다. 이러한 경험을 안 해봤기에 처음에는 서툴고 두렵겠지만, 해보면 별 거 아니고 재미있다고 느낄 것이다. 그렇게 하나둘씩 경험이 쌓이면 나중에 혼자서도 해외 어느 나라에서든 쉽게 대중교통을 이용할 것이다. 그런 작은 도전들이 아이들에게 사회에 나아가는 힘이 될 것이다. 할 수 있다는 자신감이 아이 내면에 조금씩 쌓여 성장할 것이기 때문이다.

04

러시아의 햄버거는 우리나라보다 맛있어!
그 이유는?

가이드의 안내에 따라 혁명광장과 유람선 관람 일정을 소화한 후, 오후 일정은 자유라 아르바트 거리 근처를 구경하기로 했다. 가이드가 가르쳐준 환전소를 들려 환전도 하고 러시아 말이 통하지 않아도 돈만 내면 알아서 환전을 해준다. 밖에서 번호표 뽑고 은행처럼 환전을 해주니 아무래도 한국 관광객이 많이 오니 그런 것 같다. 아이들도 시내를 많이 걷다보니 배고프다고 칭얼대고 나도 다리가 아프기 시작했다. 혁명광장 맞은편 영화관 건물 안으로 들어갔다. 쉴 곳을 찾아 들어갔으나 우리나라 패스트푸드점처럼 햄버거와 피자를 판다. 러시아에서 피자와 햄버거를 못 먹어본 아이들과 나는 쉬면서 점심을 여기서 해결하기로 했다. 외국에서는 우리나라보다 고기를 주식으로 먹다보니 대부분의 햄버거는 맛있을 것 같았다. 아니다 다를까 아이들과 햄버거와 피자 음료를 세트로 주문을 했다. 러시아말은 1도 모르고 영어도 1도 안 통하나 점원이 내가 눈치를 이리저리 보니 사진메뉴판을 준다. 내가 외국인이라 이런 고객들이 많을 것이다. 나는 대충 그림을 보고 맛있어 보이는 햄버거와 피자를 몇 개 주문하고 기다렸다. 사진 그림판 보고 금액을 대략 계산하고 영수증 보고 잔돈이 맞는지 잘 살핀다. 특히 외국에서는 외국인들이라 쉽게 보고 대충 금액 계산해서 잔돈을 잘못 주는 경우도 많으니 이런 것은 알아서 잘 챙기고 계산해야 한다.

 역시 햄버거는 고기가 두툼하니 맛있었다. 양도 우리나라보다 크고 가격도 우리나라와 크게 차이가 나지 않고 비슷했다. 따로 맛집을 찾아가 먹은 건 아니었지만, 러시아는 원래 맛있고 다양한 종류의 수제버거 많다. 여행가기 전 미리 책을 보고 봤을 때는 러시아 수제버거는 도톰한 소고기 패티와 달콤하고 부드러운 소스, 아삭한 채소가 최고의 조합을 이룬다. 재료를 감싸는 빵의 종류도 사랑스러운 핑크 번부터 러시아 특유의 블랙 번까지 다양하다. 현지인이 추천하는 버거전문점은 댑바, 손켈, 비알쥐알 프로젝트, 더블린아이리쉬펍 등이 있다. 블라디보스토크에서는 보통 우리나라에서는 비싸서 잘 못 먹는 킹크랩 종류 또는 해산물을 보통 많이 먹는다. 그리고 사람들에게 잘 알려진 샤슬릭은 러시아 전통 꼬치 요리로 재료를 재는 양념과 굽기 정도에 따라 맛이 달라지기 때문에 식당 선정 등이 중요하다. 육류별로 맛있는 음식점 또한 다르다. 샤슬릭은 돼지고기, 소고기, 양고기, 닭고기 등의 육고기, 그리고 새우, 조개관자 등의 해산물을 숯불에 구워낸 러시아 전통 꼬치 요리다. 일반적으로 꼬치구이라고 하면 일본식 꼬치구이나 중국식 양꼬치처럼 고기를 잘게 썰어 나무에 꽂은 꼬치를 생각하는데, 러시아의 샤슬릭은 주먹고기 같이 크게 썰어 긴 칼 모양 꼬치에 끼워 굽는다. 한 끼 식사로도 든든하며 술안주로 더할 나위 없다. 그래서 블라디보스토크 여행을 가는 사람들은 그 나라 사람들이 먹는 다양한 특산물을 통해 맛있고 즐거운 여행의 묘미를 느낄 수 있을 것이다.

조금 더 수제버거를 사랑하는 사람들을 위해서 상세하게 설명을 해보자면 '맵바'가 당연 인기가 많은 곳이다. 수제버거 전문점이지만 현지인에게는 칵테일바로 더 유명하다. 한 발짝 들어서면 화려한 샹들리에와 레이저 불빛, 유리 벽면에 가득한 술병에 먼저 눈이 간다. 여덟 가지 수제버거는 각각의 매력이 있다. 특히 인기가 많은 메뉴는 그랜드캐니언버거로, 은은한 숯불 향과 육즙이 풍부한 패티, 아삭한 채소와 체다치즈가 완벽한 조화를 이룬다. 한국어 메뉴판이 있고, 결제판에는 한국어로 '팁 주시는 것을 환영합니다.'라고 적혀 있을 만큼 한국 관광객이 많이 가는 곳이기도 하고 그만큼 맛있기도 하다. 그랜드캐니언버거는 390루블이며 혁명광장 앞 정류장에서 도보로 5분 만에 간다. 아이들과의 다음 여행에 블라디보스토크을 다시 간다면 꼭 가보고 싶은 곳이다. 여행 전 맛집 검색을 하면서 꼭 가봐야지 했던 곳인데 일정이 안 맞아서 직접 가보지는 못했다. 여행에서 한 가지라도 아쉬운 것을 남겨 두어야 또 가게 된다고 하니 다음 블라디보스토크 여행은 한겨울에 온가족과 함께 하고 싶다.

내가 블라디보스토크를 가보고 싶어했던 것은 평소 여행을 좋아해서 TV 프로그램 중 블라디보스토크가 나왔고 가장 우리나라와 가까운 유럽이라는 점이었다. 가까운 동남아, 아시아 나라는 여러 번 가봤지만 새로운 미지의 유럽을 일하는 워킹맘이 연차를 잡고 짧게 아이들과 갔다가 오기에는 블라디보스토크만 한 곳이 없다. 2시간이면 금방 부산과는 딴 세상이 펼쳐진다. 그리고 온통 블라디보스토크의 한겨울을 느낄 수 있다. 평소 맛집을 찾아다니며 먹는 스타일은 아니지만, 커피와 빵과 브런치는 즐기기 때문에 예쁜 찻집과 맛있는 빵집은 주로 찾아서 다닌다. 맛있는 차와 빵을 먹으면서 책도 보고 글 쓰기할 때가 행복하기 때문이다. TV에서 예쁜 아르바트 거리의 카페와 맛있어 보이는 후식과 커피들을 보고 참 가보고 싶다는 생각을 했다.

아이들과 여행을 가면 엄마는 여자 둘이 가는 여행이 못 되는 게 예쁜 가게에서 친구랑 맛있는 맥주를 먹는다는 그런 힐링은 없다. 그러나 아이들에게는 모든 것이 새로운 경험이니 그게 엄마로서는 더 행복하다. 아이들과 맛있는 카페를 찾아서 다니기에는 많이 걷고, 또 길을 가다 예쁜 상점들이 있어도 사람들이 많다 보니 줄서서 기다리면서까지 가고 싶진 않았다. 외국에서는 시간이 돈이기 때문에 여행 와 있는 2박 3일이라는 시간은 나에게 더없이 축복이다.

러시아에는 식사 후에 디저트를 먹는 문화가 있다. 어떠한 식당에 가더라도 디저트 메뉴가 따로 있을 정도다. 식사를 마치고도 조금 아쉽다면 시내 곳곳에 위치한 디저트 전문점으로 발걸음을 옮겨보자. 유리 진열장에 어머어마한 종류의 디저트가 기다리고 있다. 나같이 빵 좋아하는 빵순이는 온통 빵으로 둘러싸인 빵집을 밖에서 바라만 봐도 행복한 이유이다. 3일 동안 빵을 먹어서 김치가 생각나긴 했지만 그래도 빵과 예쁜 형형색색으로 진열된 디저트 카페는 축복이다.

대부분의 나라마다 유명한 음식점 맛집이 다양하게 있다. 그 이유는 그 나라 지형에 맞는 각종 채소와 육류, 어류가 다 다르게 자라나기 때문이다. 이전에 커피 공부가 하고 싶어 바리스타 자격증을 딴 적이 있다. 커피가 지구상에 주로 번식하는 온도가 지형이 다르고 그 온도에 따라 나오는 커피 종류도 무척 많았다. 우리 지역만 봐도 그렇지 않은가. 강원도는 감자가 유명하고, 나주는 배가 유명하듯이 말이다. 그래서 그 나라만의 고유한 특색으로 자란 식재료로 맛있게 요리를 먹는 묘미가 진정 여행의 묘미가 아니겠는가! 다만 이런 재미를 아이들과 간다면 내가 원하는 곳, 맛집을 일일이 다 보지는 못하고 그중 몇 군데 중 한두 군데만 추려서 가보는 것이 좋다. 하루 일정을 무리하게 짜면 스케줄만 따라가고 기억에 남는 여행을 못하고 그냥 맛집을 왔다 가는 것, 인증샷만 남기다 끝나고 마는 것이다.

05

아이들이 돈 계산을 위해 머리를 쓴다

우리집 아이들은 돈에 관한 아주 계산적이다. 어릴 때부터 자기가 할 일을 하고 정확한 규칙 규율에 맞게 일을 했을 때 용돈을 줬다. 일주일 동안 할 일을 엑셀표를 작성한다. 자기가 해야할 일, 학교 과제나 집안에서의 기본생활 습관이다. 그날 그 일정에 맞게 목표에 계획을 짜서 실행을 했는지 여부를 확인하고 일주일이 끝난 시점에 계획표를 참고하여 돈을 준다. 그러면 아이들은 그 돈으로 자기가 하고 싶은 것을 산다. 아이들도 돈이 삶에 중요한 일부분인 것을 안다. 돈은 그렇다. 내가 필요한 삶에 할 수 있는 능력을 키워준다. 여느 다른 집은 같은 또래의 아이들은 학업 공부에 집중을 하라고 가르친다. 대부부의 부모들은 그렇다. 그러나 나는 여느 부모들처럼 공부만을 강요하지 않는다.

우리나라는 자본주의 사회다. 이 세계를 이끌고 창조하고 있는 이들은 선진국의 무궁무진한 창의력을 바탕으로 하는 혁신 산업이다. 이러한 것은 규칙적으로 길들여진 우리나라의 그 틀에 박힌 천편일률적인 공부가 답이 아님을 나는 책을 읽으면서 많이 깨달았다. 집안 대대로 위대한 부자들 말고 대부분 흙수저에서 큰 성공을 이룬, 소위 말하는 자수성가 부자는 어릴 때부터 찢어지게 가난했던 사람들이 많다. 더 이상의 힘든 삶이 없기에 더 이상 잃을 게 없기에 도전하는 것도 남들과 다르다. 무조건 된다고 생각하고 밀어부치는 힘이 있는 것이다. 나도 그랬다. 어린 시절 너무 어려운 일들을 많이 겪었기에 나는 어떠한 힘든 일이 닥쳐도 이렇게 생각했다. 어릴 때 그 낡고 쓰러져가는 스레트 집에서도 먹을 것 없이 친구 하나 없이 외로운 삶도 겪었는데 더 이상 망설일 이유가 없다.

아이들과 처음 간 일본은 아이들에게 별천지였을 것이다. 특히 일본은 아이들의 눈요깃거리가 가득하다. 특히 만화 캐릭터들 아이가 좋아하는 장난감 특히 편의점은 우리나라와는 너무도 다른 다양한 컨텐츠가 참 일본스럽다. 아이들에게 일본 돈을 설명하고 가격표 보는 것을 몇 번 가르쳐주니 역시 아이는 흡수가 빠르다. 일본 편의점은 가본 사람은 알 것이다. 없는 게 없을 정도로 다양하고 아이들이 좋아할 만한 맛있는 과자, 특이한 알록달록 사탕들이 많다. 또한 어른들도 좋아할 만한 일회용 샌드위치, 그중 특히 에그샌드위치, 다양한 컵라면들과 분식점을 연상할 만큼 간단하고 맛있는 음식들도 다양하다. 게다가 간편하게 읽을 책들도 많다. 아이들이 가격표를 보고 그 가격표에 맞게 잔돈을 이리저리 머리를 돌리며 먹을 것을 잘 고르고 잘산다.

아이들 위주로 맞춘 일본여행에서는 아이들 장난감 가게를 빼놓을 수 없다. 일본 후쿠오카에는 만다라케, 장난감 피규어로 잘 알려진 곳이 유명해서 일본 가기 전 여행일정에 미리 조사해서 함께 가보기로 했다. 후쿠오카 시내에서 숙소를 잡았고 남편도 함께한 여행이라 조금 편하게 할 줄 알았다. 그러나 남편이 내비게이션 상 가까운 거리라 해서 아이들이랑 즐겁게 일본 시내를 보면서 걸어갔는데 1시간 이상을 걸어도 나오지 않고 점점 아이들도 힘들어하고 1시간 30분 이상을 줄곧 걸어서 도착했다. 외국에서는 시간이 금인데 남편 말은 가까워서 금방 도착할 줄 알았다고 한다.

일단은 도착을 했으니 구경부터 했다. 입구에 바로 보이는 옛날 만화영화 '은하철도 999'를 아시는 분은 아는 여자 주인공 '메텔' 캐릭터가 사람 크기만큼 크게 떡 하니 서 있다. 어릴 때 추억이 떠오른다. 아이들은 저마다 좋아하는 캐릭터 짱구, 건담, 원피스 피규어, 키티 등 좋아하는 캐릭터 장난감을 구입했다. 나도 어릴 때 보던 만화책과 음반도 보면서 옛날 추억을 떠올렸다. 갈 때는 양손 무겁게, 아이들은 완전 신나서 좋아했다. 장난감을 고를 때도 아이들에게 주어진 돈 안에서 사라고 하니 지들끼리 가격표 보면서 가격을 물어보면서 잘도 고르고 계산도 잘했다.

너무 힘들게 온만큼 갈 때는 일본 택시를 타고 힘든 일정에 필요한 온천으로 마무리를 했다. 아이들은 얼마나 행복할까? 엄마 아빠와 낯선 외국에서 TV에서만 보던 캐릭터들을 직접 눈으로 보면서 다양하게 즐길 수 있는 경험을 할 수 있으니 말이다. 아이들은 일본에서도 금방 적응을 해서 엔화로 직접 계산하고 거스름돈도 잘 받아 오곤 했다.

마지막 집으로 돌아올 때는 남은 잔돈까지도 마지막 공항 편의점에서까지 탈탈 털어 잔돈 한 푼 없이 다 쓰고 돌아왔다. 역시 아이들은 잘 배우고 잘 흡수한다.

블라디보스토크에서도 마찬가지다. 집으로 돌아올 때 친구들 선물 챙겨준다고 러시아에서 유명한 소금초콜릿을 사러 선물가게에 갔다. 시내 중요 관광지 중 아르바트 거리에 주로 상점 각종 이쁜 카페들이 많았다. 아르바트 거리 입구에 보이는 한국말로 '초콜렛 상점'이 있다. 블로그에도 잘 나와 있어서 아이들과 상점에 들어갔다. 가격도 우리나라보다 저렴하면서 맛있는 수제초콜릿이 다양했다. 러시아 돈 루블 가격표를 보면서 아이들이 머리를 쓴다. 얼마인지 계산을 한다. 그리고 친구들 누구에게 몇 개 줄 것인지, 개당 초콜릿이 얼마인지 계산을 마구마구 한다.

첫째는 야구부 친구들과 감독, 코치들께 드릴 초코릿 개수를 계산하고 둘째는 친한 친구들이 몇 명인지 그리고 누구에게 줄 것인지, 몇 개를 살 것인지 총 개수를 파악해서 구입을 했다. 러시아 돈으로 계산을 하니 큰아이가 핸드폰 계산기를 두들기며 제대로 맞는지 계산을 한다. 초콜릿 구입도 하고 그 매장 근처에 블라디보스토크 서점도 있어 책 좋아하는 내가 그냥 지나칠 리가 없다. 글은 제대로 모르나 책을 좋아하는 나는 서점에서 아이들과 구경도 하고 문구점도 같이 있어 아이들과 재미나게 시간을 보냈다.

실내에 있다 밖으로 나와 아르바트 거리 야경은 네온사인 불빛이 장관이었다. 사람들이 빛으로 물든 아르바트 야경을 보러 사람들이 여기저기서 사진을 찍고 하곤 했다. 나는 아이들이랑 낮 동안 너무 많이 걷고 피곤해서 잠깐 사진만 몇 장 찍고 숙소로 왔다. 다음날 아침 아이들 간식을 사러 아이들과 근처 마트에 갔다. 거기서도 초콜릿이 유명해서 그런지 맛있는 초콜릿이 많았다. 어제 상점에서 못 본 알룐까초콜릿, 귀여운 아기 그림이 그려진 초콜릿을 아이들과 계산을 해보니 러시아 돈으로 92루블, 한국 돈으로 계산해도 약 1,600, 1,700원 정도 우리나라 물가와 비교하면 많이 저렴한 편이다. 어제 산 초콜릿도 있고 가족들과 집에서 먹을

양만 조금씩 샀다. 그리고 블라디보스토크에는 주식이 빵이어서 그런지 빵 종류가 무척 다양하다. 빵을 좋아하는 나로서는 마트와 그리고 주변 길거리에 빵가게들을 볼 때면 행복했다.

아이들과 갔던 꽘에서도 아이들과 마트에서 필요한 생필품을 사면서 아이들이 미국 돈인 '달러'를 배웠다. 꽘에서는 거의 리조트 안에서만 생활을 하고 놀았다. 아이들이 주로 상점에서 산 것은 꽘에서 유명하고 맛있는 망고젤리였다. 그리고 바나나를 말린 칩이 맛나고 가격도 저렴했다. 자기들끼리 아이스크림도 사고 선물가게에서 필요한 장난감 종류를 보면서 가격표를 보면서 계산을 할 것이다.

아이들은 각 나라를 가면서 그 나라의 돈을 알고 물가를 알고 계산을 하기 위해 머리를 쓴다. 내가 필요한 돈에서 얼마큼의 가치가 있는지 사고자하는 물품을 보고 계산을 한다. 아이는 모두 빠르게 흡수한다. 아이들의 장점이다. 새하얀 캠퍼스에 새롭게 모든 것을 그릴 수 있는 것처럼 있는 그대로 흡수를 한다. 그만큼 때묻지 않았다는 것이다. 새로운 나라를 갈 때마다 그 나라 돈을 알고 자기가 사고 싶은 물건을 고르면서 아이들은 머리를 쓴다. 내가 더 필요하고 알맞게 사용하기 위해 얼마만큼의 가치가 있는지 판단하면서 계산을 하는 것이다. 그러면서 돈을 알게 되고 그러면서 성장을 할 것이다. 우리는 자본주의에 살고 있다. 아이들은 사회가 나가면 가정에서의 돈에 대해서 미리 배워서 내가 이 사회에서 얼마큼의 돈을 벌어야 되는지, 어떻게 활용을 할 것인지 판단을 할 것이다. 그러면서 어릴 때부터 머리를 쓰면서 계산한 그 돈의 판단으로 사회를 알고 더 미래를 위해 나를 위한 투자의 밑거름이 될 것이라 믿어 의심치 않는다. 어릴 때부터 돈 공부를 미리미리 해야 하는 이유이다.

06

돈으로 배우는 아이들의 경제 상식

아이들이 학교 공부보다 중요한 것이 돈 공부이다. 부모가 사회에 나가기 전 가정에서 기본적인 생활습관을 길러주듯이 돈에 대한 상식도 필요하다고 나는 생각한다. 너무 어릴 때부터 '돈 돈 돈' 거리는 것이 아니냐고 하는 사람들이 있을 것이다. 그러나 내 생각은 다르다. 세계적으로 상위 몇 %의 부자들 중 유태인을 예로 들면, 가정에서부터 돈 공부를 미리 시켰다. 흙수저에서 자수성가한 부자들은 대부분 어릴 적 몹시 가난했고, 경제적 결핍을 겪었다. 그래서 돈이 얼마나 중요한지 뼈저리게 느꼈기에 몸소 철저한 돈 관리를 하는 습관을 들인 것이다. 어릴 때부터 아이들이 집안에서 일을 하고 돈을 받는 책임감을 심어주고 무언가 목표한 바를 달성한 결과로 받는 보상에 대한 응당 돈은 특별한 가치를 지닌다. 아이들이 여행을 가서도 이렇게 우리나라 돈과 비교해서 외국 돈을 보고도 낯설어하지 않고 잘 계산을 하는 것은 어릴 때부터 부모가 자녀에게 시켜주어야 하는 경제교육에서도 반영이 된다.

　우리나라 아이들은 입시 입주의 공부로 좋은 대학만 가면 뭐든 다해줄 테니 공부만 잘하라고 한다. 꼭 잘난 부모의 결과물이 아이들의 학교로 인증되는 것 같다. 우리 아이는 SKY대학 나왔어! 그것이 아이가 진짜 원해서 이루어진 결과인지! 부모의 꿈과 대리 만족된 결과인지! 결론은 없다. 다만 아이는 자기가 원하는 것을 판단할 수 있고 하나의 독립된 존재로 성장한다. 나는 외국 선진국 아이들처럼 어느 정도 성인이 되어서는 부모에게서 독립을 하고 자기가 주도된 삶을 살기를 진정 바란다. 오로지 아이에게만 집중하지 않고 나도 발전하는 서로 윈윈하는 부모와 자식이 되어야 가정이 각자의 역할로 바로 서지 않겠는가! 지나친 부모의 기대로 그 기대가 부담스러워 오히려 역효과가 주변에서 나는 결과를 뉴스에서 보면 그렇지 않은가!

　가정에서 부모의 역할로 아이의 인생이 바뀔 수 있는 것은 우리가 잘 아는 빌 게이츠가 있다. 자기 재산의 99.9%를 인류에게 기부하기로 한 빌 게이츠는 "나의 모든 것은 어려서 부모님에게 다 배웠다. 자선사업도 그 중의 하나다."라고 했다.

　부모가 바로 서야 한 인간으로 세상에 선한 영향력을 행사하는 큰 아이로 성장할 수 있다. 그래야 인류 발전에 공헌하게 된다. 그게 세 아이를 기르는 엄마의 역할 그리고 가정에서의 아빠의 역할이 된다. 아이의 인생이 달린 만큼 아이에게 경제를 이해시키는 것은 사회를 이해시키는 것이다. 그러기에 경제공부는 미리 미리 필요한 이유이다.

　아이들이 게임 중에 자주 하는 것이 블루마블 게임이 있다. 자연스럽게 부동산도 공부하면서 사고 팔고 하면서 돈을 직접 계산하고 게임하고 놀이하면서 돈 계산을 한다. 그리고 실제로 우리 아이들은 용돈을 받아 자기 혼자 슈퍼나 편의점에 가서 직접 돈을 주고 거스름돈을 받아온다. 내가 시키는 것은 내가 사고 싶은 것을 사고 돈을 내고 영수증을 받고 거스름돈을 제대로 받아왔는지 확인하고 그리고 자기가 쓴 돈을 용돈 기입장에 기입하라고 시킨다. 그러면 내가 제대로 계산했는지 잔돈을 잘 받아 왔는지를 알게 된다. 그리고 내가 가진 용돈 안에서 불필요한 지출이 없었는지 판단하게 된다. 이것은 돈에 관한 기본습관이다. 이 기본을 지키면 더 큰돈이 와도 아이가 돈의 가치를 알고 판단할 수 있게 된다.

　여행 가서도 큰아이가 "엄마, 우리가 가진 돈이 얼마 있어? 지금 얼마 남았어?" 동생들이 지나가다 간식을 사달라고 해도 큰아이는 그런 말을 하지 않는다. 불필요한 돈이 나가는 것을 알고 본인이 진짜 원하지 않기 때문에 그 돈이 나간 것이 못마땅할 수도 있다. 그러나 자기에게 꼭 필요한 것은 요구를 한다. 그래서 둘째가 블라디보스토크에서도 친구들 선물 사준다고 좋고 큰 마트료시카를 구매할 때도 큰아이는 자기에게 필요한 조금마한 것 하나만 골랐다. 엄마에게 지금 얼마 있는지를 항상 확인하면서 말이다. 이쁘고 괜찮은 장난감도 많고, 사고 싶은 것도 많은 아이인데 엄마를 생각하는 마음이 고맙고 대견하다. 큰아이가 생각이 많고 말수가 적고 표현을 잘 하지 않는 것을 알기에 표현할 때는 대부분 잘 들어준다.

미국의 십대들은 이웃집 아이들을 돌보고, 이웃의 차를 세차하고, 강아지를 산책시키고, 편의점과 패스트푸드 등에서 일하며 스스로 돈을 번다. 이미 선진국 아이들은 10대부터 자기가 한 행한 노동의 대가로 정당하게 돈을 벌고 있는 것이다. 그러나 한국 부모들은 외국 부모에 비해 자녀의 경제 활동에 대해 상당히 폐쇄적이고 부정적이다. 자녀에게 돈에 관해 이야기하는 것조차 꺼리는 경향이 있다. 이것은 부모가 노동에 대해 마땅히 일을 하고 돈을 벌 수 있는 아이의 사회성을 막는 이유이기도 하다. 나는 대부분의 한국 부모들이 갖는 사고방식을 가지고 있지 않다. 어릴 때부터 가난했던 가정환경도 한몫했을 것이다. 대학교 입학 후 IMF가 터졌다. 엄마 혼자 오빠와 나를 대학교 학비를 부담하기가 버거웠요지 나보고 휴학을 하라고 했다. 그리고 엄마 일을 도우라고 했다. 나는 엄마가 하나밖에 없는 딸내미라고 감싸지 않고 막 부리는 여장부 스타일이라 같이 일을 하면 내가 힘들 것을 알기에 스스로 아르바이트를 구한다고 했다.

사회에서 처음 시작한 것은 복국집 서빙 아르바이트였다. 뭐든 돈을 벌어야 했다. 그때 처음으로 어른으로 보이기 위해 처음 화장도 해봤다. 어른으로 보여야 일자리를 구할 수 있다고 생각했다. 그런데 이 식당은 사장님이 보기에 내가 많이 힘들어 보였는지 3일 일하고 그만두라고 했다. 나름 재미있었는데 나는 3일간 일한 대가로 거금 15만 원을 받았다. 내가 사회에서 처음 번 돈이었다. 이후 장우동에서 복학하기 전까지 1년 동안 아르바이트를 했다. 시간당 1,800원이었다. 그때는 오전 오후 파트로 나누어 8시간씩 일했다. 같이 일하는 아이가 일이 있을 때는 아침 8시부터 밤11시까지 종일 근무하곤 했다.

아침에 출근해서 식당 청소부터 떡볶이에 들어갈 달걀을 100개씩 까고 식당아줌마들과 사장님과 아침을 먹고 시작하는 일은 재미있었다. 식당아줌마들이 바쁠 때에는 김밥도 싸고, 주방일도 보고, 배달도 하고, 오전에 매출, 오후에 매출, 사장님과 정산도 했다. 오래되니 사장님들도 잘 대해주셨다. 오후 11시까지 근무할 때는 막차 11시 31번 버스를 놓치지 않기 위해서 정산을 빨리 끝나고 막 뛰어나갔다.

그렇게 절실히 나는 노동을 하면서 돈을 벌었다. 힘들게 번 돈은 함부로 쓰지 못한다. 힘든 만큼 나의 피땀이 들어간 것을 알기 때문이다. 반대로 생각하면 우리가 길 가다 주운 돈을 쉽게 쓰는 것도 이해가 된다. 돈은 자기가 스스로 노동을 하고 벌었을 때 진정 고마움을 알게 된다. 그 깨달음은 누구도 대신 할 수 없다. 본인이 느껴야 한다. 그래서 내가 아이들에게 청소를 시키고, 재활용을 분리하게 하고 , 자기가 한 일들에 대한 책임감을 부여하는 것이다.

어릴 때부터 주어진 나의 가난한 환경으로 현재까지 9가지 여러 일들을 해오며 지금도 계속해서 나만의 일을 찾아가고 있다. 그동안의 일은 생계를 일한 일이었다면 이제는 진정 내가 원하는 일을 찾고자 한다. 아이들도 그렇게 자기가 좋아하는 일들을 찾아갔으면 하는 게 엄마의 바람이다. 그러기 위해선 아이들이 원하는 것을 하고 싶을 때 할 수 있는 돈을 미리 분비해야 한다. 그것이 자본주의에서는 기본이며 돈을 벌기 위해 아이들은 경제상식을 알아야 하는 것이다.

경제라는 말은 어렵게 들릴 수 있다. 그러나 아이가 이해하기 쉽게 풀어서 생활 속에서 가르치면 되는 것이다. 기본적인 습관을 잘 갖도록 하면 가능하다. 가령 집안에 사람들이 없는 방은 불을 끈다든지, 안 보는

TV를 계속 켜두지 않거나 다 쓴 A4 종이 한 장도 뒷면은 메모지로 사용한다든지, 안 쓰는 물을 계속 틀어놓지 않는다든지 하는 생활 속의 불필요한 낭비를 줄이고 소소한 근검절약을 통해서 차근차근 습관을 잡아나갈 수 있다. 그렇다고 너무 구두쇠처럼 살지 않고 그렇게 아낀 생활습관으로 자신에게 투자를 하는 것이다. 미래를 위한 자기계발을 한다든지, 아이들에게 어릴 때부터 생일선물로 주식을 선물한다든지 등으로 말이다. 돈은 어떻게 버는지도 중요하지만 어떻게 쓰느냐도 중요한 것이다. 아이의 경제상식은 하루아침에 만들어지는 것이 아니다. 커서 시켜서 되는 것도 아니다. 부모가 항상 생활 속에서 지도하고 가르쳐야 한다. 아이는 부모의 영향을 제일 많이 받는다. 그래서 가정에서 엄마 아빠의 돈에 대한 경제관념을 바로 세워야 되는 것이다.

07

셈에 강한 아이들! 경제공부는 동전부터

초등학교 1학년인 막내가 내게 협상을 해온다. "엄마, 이번 주 용돈 미리 주면 안 돼?" 나는 일주일 동안 아이들이 자기가 할 일을 정확히 계획표대로 실행했을 때 용돈 5천 원을 준다. 첫애는 6학년이라 1만 원, 둘째, 셋째는 5천 원씩 준다. 아이의 성향이 다 달라 용돈을 모으는 방법, 쓰는 방법, 관리하는 방법 다 다르다. 첫애는 현재 꿈이 야구선수라서 나름 모은 돈으로 대부분 야구 장비나 야구하는 친구들이랑 밥 먹거나 간식 사 먹으면서 쓰는 것 같다. 말이 없는 편이라 실제 자기가 어디에 쓰는지는 일일이 말하진 않는다. 그러나 한 번씩 집 근처 대학교 주변 저렴하고 많이 주는 버블티 가게를 자주 가는 것을 보니 용돈을 막 쓰지는 않는 것 같다. 한 번씩 엄마도 같이 먹으러 가자고 한다. 그러면 아이들이 엄마한 테 사준다. 이런 재미도 쏠쏠하다. 내가 준 용돈으로 아이들이 엄마 아빠 에게 사주는 마음이 참 고맙다.

둘째는 마음이 참 배려가 깊다. 성향도 내성적이고 마음이 여려서 엄마 아빠의 사랑을 받으려고 무척 애쓰는 게 보인다. 돈을 주면 잘 쓰지 않고 모은다. 그리고 주변 친구나 엄마 아빠 생일 등이 있을 때 쓴다. 남을 더 배려한다. 그래서 주변에 친구들이 많다. 셋째는 욕심이 굉장히 많다. 그래서 용돈 받는 날이 토요일이지만 목요일쯤 아침에 일어나자마자 "엄마! 용돈!" 이러면서 용돈을 미리 달라고 요청한다. 그러면 나는 계획된 일도 다 실행되기 전에 먼저 주지 않는다고 한다. 그때부터 8살 우리 집 막내는 일을 한다. 엄마에게 뭐 하면 되느냐고 막 묻는다. 이불 개기, 학교 숙제하기, 빨래 개기 등 무엇을 얻기 위해서 나름 최선을 다한다. 그리고 "천 원만 더 올려주면 안 돼?", "2천 원 더 주면 안 돼?"하며 계속해서 요구를 한다. 막내의 이러한 애교 아닌 애교는 참 귀엽다.

나는 돈을 좋아서 일을 하진 않는다. 다만 내가 좋아하는 일을 성실히 했을 때 보상이 온다. 돈보다는 내가 좋아하는 것에 초점을 맞춘다. 대부분이 자기계발서나 성공한 사람들의 이야기를 보면 돈에 대해 긍정적이다. 나는 엄마가 어릴 때부터 경제적인 사회 활동을 힘들게 하는 모습만 보아 왔다. 엄마는 그렇게 힘든 삶을 살면서 돈을 소중히 여겼다. 가게 장사를 할 때도 돈을 차곡차곡 모았다. 천 원짜리 10장씩 매매 장부에 적으면서 꼼꼼하게 관리하는 모습을 봤다. 또한 아낄 때 진정 아끼고 또 나눌 때는 누구보다 손 큰 여자처럼 돈을 쓰곤 했다. 힘든 일도 척척 혼자 해내는 엄마는 진정한 대장부 스타일이었다.

그런 엄마의 모습에서 나도 배워 나는 십 원의 가치를 소중히 여긴다. 거리를 지나다 보면 사람들이 지나치는 동전 10원짜리가 한 번씩 눈에 들어온다. 나는 꼭 주워서 챙긴다. 땅바닥에 나뒹구는 10원을 사람들은 그냥 지나친다. 더러울 수도 있고, 귀찮을 수도 있다. 그러나 이 10원의 가치를 알아야 더 큰 돈의 가치를 안다. 이렇게 모은 10원들은 한 번씩 마트 장볼 때, 비닐봉지 살 때나, 포장지를 구입할 때 50원, 100원씩 요긴하게 쓰인다. 하찮게 생각하는 돈은 없다. 그 돈에 대한 가치를 알 때 더 큰돈의 가치를 알게 된다.

나는 아이들에게 용돈을 줄 때 영수증을 챙겨 오라고 한다. 아이들이 얼마를 가지고 있고, 얼마에 구입해서 얼마를 남겨 와야 되는지를 가르친다. 그럼 비교를 하게 된다. 똑같은 아이스크림이라도 일반 농협 마트에서는 340원이고 편의점에서는 500원이다. 왜 그렇게 되는지 가르친다. 왜 똑같은 아이스크림이 소매상에 따라서 가격이 다른건지 아이들은 점점 깨닫게 될 것이다. 또 340원에 더 많이 먹고 싶으면 조금 멀더라도 걸어갈 것이고, 그게 귀찮으면 가까운 편의점에서 아이스크림을 사먹을 것이다. 3개를 1,020원에 먹을 것인지, 딱 2개만 먹고 1,000원을 낼 것인지 아이들은 판단하면서 계산을 할 것이다. 이게 진정한 살아가는 공부다. 학교에서 푸는 수학 문제보다 나는 이렇게 실전에서 돈을 얼마 내고 얼마를 받아 와야 하는지를 아이들에게 가르친다.

나는 어릴 때 너무 먹을 것이 없고 가난한 어린 시절을 보냈다. 나의 엄마는 지금도 시골 농장을 가꾸러 가실 때 시골 버스 시간을 놓치지 않기 위해 새벽 5시에 고속버스를 타고 간다. 남들은 편하게 택시 타고 들어가면 될 텐데 할 것이다. 그러나 우리 엄마는 그런 분이 아니시다. 참기름을 병에서 바로 따르면 용량을 가늠하기 힘들어 많이 나오니 아이들 플라스틱 약병에 넣어 눌러서 꼭 필요한 만큼 쓰라고 했다. 또한 음식을 조리할 때 시간이 많이 드는 일반 냄비보다 압력솥에서 요리를 하면 시간 아끼고 가스도 절약된다고 하신다. 모든 생활이 아끼는 것에 바탕을 두고 있다. 아이 셋을 먹이려면 기본적으로 직접 요리해서 먹게 하고, 나가사 먹는 것은 돈이 많이 드니 나에게 항상 음식을 배우라고 한다. 일하는 워킹맘은 다 완벽하게 하지는 못하지만 엄마는 항상 나에게 잔소리를 한다. 건강한 친정엄마는 반찬과 김치를 손수 담궈서 우리집에 늘 가져다 주신다. 참 고맙다. 엄마가 자기관리를 잘해서 건강한 것도 나이가 들면서 깨닫는다. 자식에게 폐 안 끼치는 것이 진정 건강하게 늙어 가는 것이 축복이고 자식을 위한 길이다.

이런 할머니가 아이들에게는 용돈하라고 한번씩 만 원씩 주신다. 아이들은 할머니가 오면 돈을 주는 것을 안다. 가족 모임을 할 때도 크게 베푸시고 시골에서도 혼자 감 농사를 하시지만 주변에 항상 사람이 많다. 엄마의 덕일 수도 있고 엄마의 사랑일 수도 있다. 나는 그런 엄마를 어릴 때부터 봐왔다. 결혼하고 아이 없이 살 때는 잘 몰랐다. 그러나 자식이 생기고 힘들어지니 엄마 혼자 아이 셋을 키우고 입히고 학교 보내고 가르치고 다 겪어오신 한 여자의 삶이 무척 고맙고 위대하다. 포기하고 자기의 행복을 찾아서 갈수도 있었을 텐데 말이다. 그래서 엄마는 강하다. 나도 세 아이의 엄마다. 그렇게 겪어오신 엄마의 길을 나도 가고 있다. 다만 나는 이런 사소한 절약보다는 더 크게 버는 것에 초점을 맞추고 살아가고 있다.

아이들이 한번씩 아파트 프리 마켓에 집에서 불필요한 물건들을 내다 팔고 돈으로 바꿔 오거나 다른 물건으로 바꿔서 가지고 온다. 나는 아이들이 어떤 물건을 팔았는지 또 얼마를 벌었는지 알지는 못한다. 다만 주변에서 같은 반 친구 엄마들의 말을 듣는다. 아이들이 어떻게 저렇게 장사를 잘하느냐고 커서 사업시켜도 되겠다고 한다. 집에서 보이는 모습은 마냥 아이일 것 같으나 밖에서 생활하는 아이의 모습은 괜찮은 아이로 성장하고 있다는 것에 안심이다! 칭찬해주는 엄마들의 말 때문에 뿌듯하다. 커서 자기 앞가림 하게 가르친 보람이 있다. 아이들은 용돈을 주면 자기들끼리 편의점가서 사먹고 한번씩 아파트 알뜰장터하는 곳에서 필요한 것을 사와서 엄마에게 자랑을 한다. 한번은 여자아이 머리핀과 향초 2개를 사왔다. 여자 핀은 사촌여동생에게 준다고 하고, 초는 엄마가 좋아할 것 같아서 사왔다고 한다. 돈은 어떻게 쓰는지도 중요하다. 아이들이 돈을 알면서 동전부터 계산하고 어느 돈이 큰돈인지 작은돈인지 인지를 하면서 생활을 하고 있다.

나는 아이들이 돈을 무조건 많이 벌어야 좋은 것이라고 가르치지 않는다. 돈은 자기가 행복한 일을 하면서 버는 것은 진정 행복하게 버는 것이다. 그러나 어른이 되면 대부분 자기가 좋아서 하는 일보다는 생계나 돈벌이가 되기 때문에 돈을 벌어야 한다. 그리고 쓴다. 돈은 어떻게 버느냐 하는 것도 중요하고 어떻게 관리하느냐도 중요하다. 그 기본이 되는 것이 돈의 가장 기초단계인 동전이다. 아이들이 10원을 진정 가치 있게 여길 줄 알아야 더 큰돈이 와도 그 가치를 소중히 여길 것이다. 그리고 그 10원을 버는 게 힘든 만큼 돈을 제대로 관리해야 한다. 대부분 쉽게 생긴 돈, 즉 로또나 길에서 주운 돈은 금방 물거품처럼 사라지고 사람을 피폐하게 만들기도 한다. 쉽게 벌었기 때문이다. 힘들게 번 돈은 그렇게 쉽게 쓰지 못한다. 그렇게 아이들은 살아다면서 돈의 중요성을 깨닫게 될 것이다. 지금은 아직 어리지만 어릴 때부터의 습관이 평생을 좌우한다. 아이는 엄마가 어릴 때부터 가르친 10원의 가치를 알고 진정 행복한 부자가 되는 것이다.

08

성인식 때 유태인 자녀에게
돈을 선물해주는 의미

아침마다 운동을 하면서 TV를 같이 시청한다. 주로 보는 프로그램은
〈걸어서 세계속으로〉이다. 어느 날은 유태인이 성인식 때 아이가 목에
두른 긴 천에 돈을 핀으로 꽂아서 주는 모습을 보게 되었다.

유태인이 뛰어나다는 것은 익히 잘 안다. 세계 인구의 0.2%에 불과하
지만 노벨상 수상자의 22%, 아이비리그의 23%, 미국의 억만장자의 40%
를 차지하는 것처럼 세계적으로 영향력이 크다. 유태인들이 성인식 때
돈을 주는 모습은 우리나라에서는 생소하다.

나는 돈에 대해 어릴 때부터 돈을 제대로 가르쳐주자는 가치관을 갖고 있다. 나부터가 어릴 때 가난한 산복도로의 단칸방부터 시작해서 그런지 돈에 대해서는 철저하다. 아빠가 어릴 때부터 아프셨다. 내가 초등학교 갈 때쯤 아빠의 병에 대해서 서서히 알게 되었다. 겉은 멀쩡하고 정말 착하신 분이다. 그러나 정신이 한번 착란이 오면 아빠의 행동이 이상해진다. 아빠는 정신분열증이었다. 증세가 심해지면 병원에 한두 달 가 있고 괜찮으면 집으로 와 잠깐 생활을 하다 다시 병원에 입원하기를 반복했다. 지금 70이 넘으셨는데 병원에 계신다. 이렇게 경제력 없는 남편을 둔 엄마는 누구보다 강해야 했다. 그러면서 나도 어릴 때부터 뭐든 혼자 해야만 했다. 엄마도 늘 사회생활로 바쁘시기에 나는 일주일 용돈을 받아 초등학교 고학년부터는 도시락 반찬을 혼자 준비하고 혼자 싸서 갔다. 그때는 맛있게 엄마가 해주는 반찬을 가지고 오는 아이들이 제일 부러웠다. 사실 내 반찬을 꺼내 놓기가 부끄러울 때가 많았다.

내가 선택하지 않았지만 이러한 부모를 만난 것은 나의 운명이다. 나는 가난을 탓하지 않았다. 다만 어릴 때부터 힘들 때마다, 엄마의 존재가 필요할 때마다 엄마는 바쁘셨다. 내가 필요할 때 내 이야기를 들어줄 사람이 없었고 늘 혼자였다. 그래서 경제력을 무엇보다 중요시했다. 자본주의 사회에서는 먹고사는 문제가 가장 기본이다. 난 그 기본을 힘든 삶을 통해 철저히 깨달았다.

유태인이 어릴 때 돈을 강조하는 부분에 무척 공감이 되었다. 돈이 중요한 것을 안다. 유태인 부모들도 어릴 때부터 돈에 대한 마인드를 제대로 길러줘야 나중에 아이가 성장해서 사회생활을 할 때 혼자의 힘으로 살아나갈 수 있다는 것을 미리 알고 교육하는 것이다.

유태인의 학습법으로 하브루타 교육법이 있다. 풀어서 말하면 말하는 공부법이다. 전에 EBS 세계의 교육 현장 〈미국인의 유태인 교육〉이란 프로그램을 본 적이 있다. 10명의 자녀를 낳고 기르는 유태인 부부의 일상을 보여주면서 아이들에게 어떻게 교육하는지를 세세하게 담고 있었다. 수더분한 엄마와 아빠의 모습이었다. 아이가 10명인데도 화 한 번 내지 않고 아이들의 마음을 다 이해하려고 했다. 진정한 사랑과 존중과 인내와 관심으로 아이들을 대하고 있었다. 유태인은 키파라는 전통 모자를 쓴다. 이 모자의 의미는 하늘에 대한 경의의 표현으로 하느님에 대한 신앙심을 뜻한다.

세계적인 영향력을 지닌 유태인의 가정 교육에 뭔가 대단한 것이 있을 거라고 생각할 수 있을 것이다. 그러나 내가 느낀 점은 여느 나라의 가정과 같았다. 다른 점은 엄마 아빠가 감정으로 아이를 대하는 게 아니라 오로지 아이의 감정을 존중하고 있었다. 9번째 딸이 집안에서 비눗방울 놀이를 하다 바닥에 엎질러도 엄마는 소리를 지르지 않았다. 소리를 지르는 것은 바닥에 엎질러진 그 상태를 엄마가 치워야 된다는 감정에서 대부분의 엄마들은 자기 감정을 아이에게 말한다. 그게 강하면 더욱 화를 낸다. 부정적인 감정을 아이에게 푸는 것이다. 그러나 유태인 엄마는 화를 내지 않았다. 아이는 6살이지만 자기가 잘못한 것을 알고 밖으로 나가겠다고 했다. 그러면서 실컷 비눗방울 놀이를 하는 아이의 모습을 보여주었다. 바깥은 영하의 추운 날씨였지만 아이의 의견을 존중하는 모습이 특별해 보였다.

아침에 일어나면 12가지 기도문으로 아이들이 다같이 손을 모으고 기도한다. 매일 아침 새로운 기운으로 즐겁게 시작을 한다. 자기 전 책을 읽어주는 아빠 엄마 덕분에 정서적으로 안정감 있는 아이로 크게 된다. 그러면서 하루 동안 있었던 부정적인 감정을 씻어버린다. 그리고 자기 전, 아침에 손을 씻을 물을 미리 떠놓고 잠이 든다. 아침에 일어나자마자 손을 씻기 위해 미리 준비된 삶의 태도를 생활 습관을 통해 배워 가는 것이다.

우리의 성년식과 유태인의 성년식을 비교해보자. 우리나라는 만 19세가 되면 대한민국 성년이 된다. 우리나라는 나이가 먹으면 그냥 성년이 되는 것이다. 그러나 유태인의 성년식은 다르다. 남자는 13세, 여자는 12세에 성년식을 치른다. 이를 바르미츠바라고 한다. 유태인의 성년식은 1

년 전부터 준비를 한다. 기도하는 방법, 토라(율법) 공부를 하며 정신적 성숙, 철저하게 준비를 한다. 그래서 유태인은 사춘기가 없다고 한다. 우리나라 아이들이 그 시기에 겪을 사춘기 시절에 정체성을 찾기 때문에 감정 기복이 적다. 우리나라 아이만큼 일탈 걱정이 없다.

유태인은 성년식 때 가까운 지인이나 직계가족에게 돈을 받는다. 일반인들은 대부분 5~6만 원 정도에서 직계 가족은 유산을 물려주기도 한다. 그래서 대략 모아지는 금액이 4~5천만 원이다.

이 돈의 위력은 크다. 어릴 때부터 이 돈을 불리고 저축하는 습관이 있으니 대부분 20대 청년이 되었을 때는 종잣돈 1억 원이 된다. 이 돈을 불려 그때부터 본격적으로 사업을 해서 진정 자본가의 삶으로 성장하는 것이다. 그래서 세계 유일무이한 유태인의 위력이 전 세계적으로 펼쳐지는 것이다. 우리나라는 입시 위주의 공부다. 자기 삶의 공부를 위해 대학을 가는 것이 아니라 대학의 명판을 따라 가는 경우가 많다. 학연 지연으로 이어진 우리나라의 사회 환경도 한몫한다. 또한 학비를 지원받지 못해 학자금 대출부터 시작을 하니 배우기 전에 빚부터 떠안고 공부를 시작하게 된다.

시작부터가 다르다. 유태인은 이미 20대에 어느 정도 종잣돈을 무기로 삼아 시작을 한다. 우리나라 아이들은 20대에 대학에 들어온 보상으로 놀이를 먼저 즐긴다. 물론 일반적으로 그렇다는 것이다. 열심히 마음먹고 학교를 다니는 아이들이 그리 많지 않다는 것이다. 유태인이 성장할 수밖에 없는 학습관과 가치관을 가지고 있는 것이다.

나는 이렇게 유태인 교육이 좋아서 아이들에게 돈을 중요하게 인식하게 하지는 않았다. 다만 내가 어릴 때부터 어른이 되기까지 엄마의 영향으로 내 몸에 각인된 인식과 습관이 작용했을 것이다. 돈에 대한 감정이 중요하다. 돈은 좋은 것이고 나에게 행복을 가져다주고 사람들과 함께 나눌 수 있고, 선한 영향력을 펼칠 수 있게 해주는 것이다.

유태인 부모들은 자녀를 하나의 인격체로 대한다. 부모의 뜻이 아닌 자녀의 가치관이 중요하다. 우리나라는 부모의 뜻대로 자식이 만들어지는 경우가 많다. 난 나의 인생도, 자녀의 인생도 중요하게 생각한다. 언제까지 아이의 삶을 부모가 대신 지원해줄 수도 없고, 자녀도 무한정 부모 밑에서 벗어나지 않으면 안 되는 것이다. 그러기 위해서는 자기 혼자 독립할 수 있는 기본 바탕이 경제력이다. 특히 돈의 관념을 아이에게 어릴 때 바로잡아주는 게 중요하다. 그래서 유태인 부모들이 어릴 때 어떻게 가르치는지 배워야 한다. 공부는 끝이 없다. 가정에서의 경제 공부가 제대로 되어야 아이의 사회에서의 경제관념도 바로 선다.

우리보다 어릴 때 시작하는 유태인의 성인식을 바탕으로 우리도 몸만 큰 성년으로 키우는 것이 아니라 돈 공부가 제대로 된 성년으로 키우는 것이 중요하다고 생각하다.

3장

얘들아!
세상에는
공짜가 없단다

01

나는 아이와 여행에서
나의 어릴 적 인생을 배웠다

아이들과 처음 간 여행지는 가까운 후쿠오카였다. 우리나라가 아닌 해외의 유명한 아주 큰 놀이공원에서 아이들을 실컷 놀려주고 싶었다. 그래서 택한 곳이 하우스텐보스였다. 하우스텐보스는 후쿠오카에서 내려서도 기차를 갈아타고 2시간 이상을 달려야 도착을 한다. 첫날 일정이라 공항에 내려 버스를 타고 기차역으로 향했다. 일본에서의 기차표 예매는 매우 복잡하다. 그래서 미리 여행 가기 전 블로그와 여행 정보를 미리 체크해서 조사를 했다. 기차역이 아주 커서 가고자 하는 목적지에 맞게 표를 끊고 잘 보고 타야 한다. 다행히 일본은 우리나라와 가깝고 하우스텐보스 가는 사람들도 많다. 그리고 하우스텐보스 전용 기차도 있으니 잘 보고 타면 된다. 처음 대하는 일본인에게 손짓 발짓하면서 모르는 일본어로 표를 끊고 아이들과 맛있는 도시락과 빵과 음료를 구입해서 기차를 탔다.

하우스텐보스

후쿠오카 공항은 매우 크다. 거기서 사람들이 줄을 서서 먹는 크로와상도 사고 우리는 신나게 마음의 기찻길로 달렸다. 후쿠오카 여행은 우리 부부의 결혼 10주년 기념 여행으로 떠난 것이다. 결혼을 하고 아이를 낳고 기르면서 참 많은 삶의 공부를 하고 있다. 그게 한 가정을 가짐으로써 그리고 부모가 됨으로써 삶의 통찰력이 커진다는 것인가 보다.

나는 사실 제대로 된 가정에서 자라지 못했다. 커가면서 엄마의 말을 들으면서 실체를 알게 되었다. 엄마가 아빠 집안의 재력에 속아서 결혼을 했고 아빠는 어릴 적 정신적인 문제가 있는 나약한 아빠였다. 내가 기억하는 아빠의 모습은 참 선한 이미지와 갑자기 돌변하는 모습이다. 어릴 때는 이해를 못했지만 나중에 정상적인 아빠가 아니란 것을 알았다. 내가 기억하는 어릴 적 나의 모습은 외로움이다. 평범한 가정이 아니니 나는 항상 혼자 모든 것을 해야만 했다. 아빠는 정상적인 생활을 못하고 병원에서 생활을 해야만 했다. 어릴 때 엄마와 오빠, 동생과 추석이나 설 명절에 아빠를 보기 위해 면회를 가곤 했다. 정신분열증이란 병은 평소에는 참 좋은 사람으로 있는데, 약기운이 떨어지면 행동이 과격해지고 위험하게 돌변할 수 있다. 늘 관리를 해야만 하는 병이다.

　엄마는 가장의 부재로 모든 경제력을 책임져야 하고 아이 셋을 억척스럽게 길러야만 했다. 한평생, 70이 넘은 지금도 병원에 있는 한 남자의 일생도 참 불쌍하지만, 그 남자를 만난 우리 엄마의 일생도 참 쉽게 말할 수 있는 인생은 아니다. 혼자 너무 힘들어 재가해 만난 새로운 남편도 4년 전 갑작스런 죽음을 맞이했고, 내 동생 은정이도 내가 5학년 때, 10살이라는 귀엽고 착하기만 한 나이에 뇌종양이라는 병마와 싸우다 결국은 하늘나라로 갔다.

나는 평범한 가정에서 아빠가 돈을 벌어오고 엄마가 집안일을 하는 모습을 보고 자라지 않았다. 그래서 우리 아이들은 그렇게 평범한 집안의 모습을 보여주고 싶었는지도 모르겠다. 다행히 남편도 남들과 평탄한 어릴 적 환경이 주어지지 않았다. 고 2때부터 아프시던 아버지가 1년 이상 병마와 싸우다 돌아가시고 홀어머니를 모시고 성실하게 생활을 해온 남편이다.

우리 부부는 아마도 아이들을 통해 대리 만족을 하는 것 같다. 어릴 때 누리지 못했던 것을 아이들에게 다 해주고 싶어하는 공통점을 갖고 있다. 그래서 첫애가 자기 꿈인 야구를 시작한다고 하자 남편은 하고 싶은 꿈이 없던 어린 시절의 자기가 위로받는 것 같다고 한다. 그래서 발 벗고 회장까지 자처하면서 열심히 지원을 하고 있다. 남자 아이들 셋이라 아빠가 운동과 몸 관리를 해주니 아이들에게는 참 좋은 아빠이다.

나는 아빠의 사랑이 늘 그리웠다. 어릴 때 보상받지 못한 내 마음 한 켠의 외로움일까? 지난 여름 아이들과 물놀이를 하러 수영장을 갔다. 아이들은 신나게 물놀이를 하고 나는 그늘에 앉아 주변에 놀러온 가족들의 모습을 지켜보다가 한 아빠의 모습에 눈길이 갔다. 여자아이를 꼭 가슴에 안고 포근히 재우고 있었다. 나는 참 따뜻하겠다고 생각했다. 나는 저런 따스히 안아주는 아빠의 모습을 늘 그리워했는지 모르겠다.

사람은 태어난 가정 환경이 중요하다. 매일 보고 매일 생활하는 곳이 습관이 되고 그 사람의 사고가 만들어지고 그리고 길러져서 사회로 나아간다. 그만큼 중요한 것이 가정이다. 나는 아이가 한 인간으로 태어났으면 행복하게, 자기가 하고 싶은 것을 하다가 생을 마감했으면 한다. 그게 한 가정에서 부모가 줄 수 있는 최고의 선물이다. 다만 그 아이의 능력을 어디까지 이끌어내느냐는 부모의 역량에 달려 있다.

어릴 적 주변 친구들이 아빠 차를 타고 여행가는 모습이 부러웠다. 나는 그래서 한 번씩 버스를 타고 종점에서 종점을 오가며 혼자 여행을 하곤 했다. 그게 습관이 되어 지금도 혼자여행을 잘 다닌다. 뭐든지 힘들어도 혼자 해결하는 습관이 있는 나는 혼자인 게 익숙하다.

아이들과 주말이면 어김없이 놀이공원이나 산이나 강이나 식물원으로 다녔다. 남자아이들이라 더욱 에너지를 밖으로 소모하기 때문이다. 아이들은 몸으로 부딪치고 흙과 물로 장난치며 놀며 새로운 세상을 접하고 그리고 매일 변화하는 사회에 살고 있다. 지금 세상은 우리가 뿌린 환경오염이라는 씨 때문에 우리 아이들이 대가를 치르고 있다. 어른들의 책임이 큰 것이다. 우리는 후손들에게 깨끗하고 아름다운 자연과 공기가 있는 세상을 넘겨줘야 할 것이다.

아이와 해외여행을 하면서 매번 느끼는 것이지만 내가 어릴 때 누리지 못한 세상과 많은 경험과 이쁜 환경을 아이들에게 많이 보여주고 싶다. 아이는 여러나라를 여행하면서 느끼는 깨달음이 가슴에 소중한 추억으로 남고 엄마와 아빠와 함께한 행복한 기억이 될 것이다.

아이들은 새로운 나라에서 신나는 체험과 놀이공원, 맛집 등을 다니며 다양한 활동을 하면서 웃음이 넘쳐난다. 아이는 복잡하지 않다. 단순하다. 오늘 엄마와 함께한 눈싸움이, 여름에 시원한 수영장에서의 물놀이가 다 가슴속에 새겨질 것이다. 나는 내가 누리지 못한 내 어린시절 인생을 아이를 통해 대신 위로받는다. 그러면서 성인이 된 지금의 나도 위로를 받는다. 그런 것을 가능하게 하는 여행이 나는 좋다. 여행에서의 낯섬과 새로운 것에 대한 호기심 모두 감사하다.

어릴 적 힘든 삶은 혼자 걷거나 땀 흘리거나 낯선 곳으로 향할 때 나는 신선함을 느끼고 위로를 받는다. 그러기 위해선 여행 자금도 필요하고 여행을 어떻게 할 것인지 이것저것 계획도 있어야 한다. 우리 인생도 목표 없이 가는 삶은 아무런 의미와 발전이 없다. 가고자 하는 목표가 있는 삶을 살고 있는 당신이라면 여행을 계획하고 구상하고 느끼고 여행을 위해, 또 내가 좋아하는 것을 하기 위해 돈을 마련하라! 그러려면 돈 공부도 알아야 하며 그 돈을 벌기 위한 인생 공부도 터득해야 한다.

아이에게 돈을 많이 물려주는 부모보다 그 돈을 벌 수 있는 능력을 주는 부자 마인드가 아이에게 필요하다. 매번 책에서 강조하는 '물고기를 대신 잡아주지 않고 물고기 잡는 법을 가르쳐주는 것', 그것이 진정 아이가 제대로 성장하는 방법인 것이다.

아이가 여러나라를 여행하면서 많은 새로운 아이들을 만나고 발전하며 더 큰 생각을 할 수 있다면 계속해서 성장할 것이다. 삶은 매번 즐거울 수만은 없지만, 매번 슬프지도 않다. 다만 이러한 경험들이 쌓여 나는 더 크게 나의 노하우가 되어 내 인생을 풍요롭게 한다는 것이다. 어릴 적 힘든 환경이 나를 강하게 키우고 혼자 이곳저곳 버스를 타며 다녔던 그 어린시절 추억 한 편에서 나는 내 인생의 경험으로 진정 나는 성장하고 있었다. 그리고 나는 여행을 하면서 내 인생을 되돌아본다. 이런 힘든 어린 시절이 있었기에 내가 지금 누리는 모든 것에 감사하다.

02

공짜처럼 불러서 사진 찍는 부엉이 사진사

드넓은 해양공원에서 얼음 바다를 보고 아르바트 거리를 거닐 때 였다. 예쁘고 이국적인 상점과 맛있는 음식점 카페들이 많아서 사람들이 붐볐다. 그때 한 건물에서 부엉이를 팔에 걸치고 한 아저씨가 나온다. 나와 눈이 마주쳤다. 아이들이 부엉이를 신기하게 보고 있으니 우리에게 다가온다. 러시아말 전혀 못 알아듣고 그냥 애완동물 기르시는 신기한 아저씨라 여겼다. 그러더니 아이에게 부엉이를 팔에 걸쳐 보라고 한다. 그러더니 핸드폰을 달라고 사진을 이리 저리 부엉이 컨셉으로 마구 찍는 다. 그때부터 느낌이 세하다. 느낌적인 느낌! 사진 중간에도 나는 통하지 않는 영어로 "프리!" 계속해서 말을 하면서 건넨다. 아저씨 눈빛이 이상하다. 그러는 찰나 그 거리에는 우리나라 사람들이 많다. 우리나라 청년이 지나가다 또 부엉이를 건넨다.

부엉이 사진

그리고 팔에 올린 부엉이 사진을 찍는다. 나는 "프리?" 하고 계속해서 말한다. 그리고 가려고 핸드폰을 달라고 한다. 이 아저씨가 돈을 달라고 한다. 2,000루블? 난 줄 수 없다고 한다. "폴리스!" 경찰 부르라고 아저씨를 향해 소리를 쳤다.

아이를 가지고 장난치는 이 러시아 아저씨를 가만둘 수가 없다. 이때는 외국이여도 엄마의 모성애와 강함이 나를 이끈다. 그 말뜻은 내 눈에 보이는 게 없어진다. 옆에 대학생도 우리나라 사람이다. 나는 핸드폰을 강하게 낚아채서 지금 수중에 있는 돈 우리나라돈 2천 원만 줬다. 그래도 예의상 줬다. 그때 대학생도 돈 주지 말라고 내가 말렸다. 그래서 1만

원 줬다고 한다. 원래는 더 달라고 했다고 한다. 그 대학생은 이런 내용을 대충 알고 있었다. 사진 찍고 돈 주는 것은 알고 있었는데 거의 우리나라돈 4만 원 가량을 요구하는지는 몰랐다고 했다. 못된 외국인은 핸드폰 가져가서 안준다고 한다. 나는 그 소리를 듣고 내가 무식해서 용감했구나! 이런 것은 진정 외국에서 조심해야겠구나! 라고 느꼈다. 그리고 그 거리가 밤에 네온 불빛으로 유명해서 한창 거리를 이쁘게 장식할 때라 오후까지도 사람들이 많았다. 우리는 그 불빛을 보려고 아이들이랑 저녁이 올 때까지 그 거리를 계속 왔다 갔다 가면서 구경했다. 지나치다 한번씩 그 외국인 아저씨를 보면서 조금 떨렸다. 아까는 정말 강한 모습을 보였지만 지나고 보니 여기 외국이지! 남편 없이 아이들과 와서 겁도 없이 외국 남자랑 싸우고…. 속으로 한번 웃었다.

갔다 와서 블라디보스토크의 신종 사진 사기로 여기저기 블로그와 정보가 나온다. 역시 정보는 알면 알수록 유용하다. 뉴스에도 보도한 자료까지 있는 걸 보니 당한 사람들이 그만큼 많다는 것이다. 내가 갔을 때가 거의 1월 10일쯤이었는데 뉴스는 1월 25일쯤 보도가 되었다.
"블라디보스토크 기념사진 촬영 사기꾼 주의 & 결빙 바다 접근 금물"
해양공원 얼음바다도 얕은 곳이 있으니 조심하라는 것이다. 갔다 와서 보니 외국은 조심해야 할 것도 많고 그렇구나! 나는 항상 먼저 실행한 다음 깨닫는 사람이여서!

20대 중반에 친구랑 둘이서 태국으로 여행을 간 적이 있다. 이렇게 러시아처럼 아무것도 모르는 상태에서 당하는 것이 아닌 쇼를 다 한 다음 팁처럼 사진을 같이 찍고 1달러씩 서비스로 주는 공연문화가 있었다.

그때는 뭘 모를 때라서 남자들이 너무 여자처럼 예뻐서 공연 끝나고 사람들과 함께 사진을 찍어준다기에 나도 사진을 찍었다. 나는 사진만 찍고 가려고 하니 "1달러"를 반복해서 외친다. 나는 돈을 주는 줄 몰라 그때는 그냥 안 주고 왔었는데 지금 생각해보면 왜 그랬는지…. 무서웠던 것 같다. 남자가 너무 이쁘게 변장한 여자의 모습이 조금 낯설게 느껴졌다.

낯선 나라에서는 조심해야 할 것이 많다는 것을 다시 한 번 깨닫는다. 그러나 너무 두려워 말고 진정 여행을 즐기라고 하고 싶다. 이런 일은 여행의 즐거운 여러 일들 중에 일부에 불과하며 더 신나고 재미나는 일들이 넘쳐나는 것이 여행만 한 것이 없다.

일어난 일들에 대해서 미련없이 잊고 재미나고 신나는 일들만 생각하자. 여행은 진정 축복일 것이다.

03

저렴한 예산으로 최대로 즐기기

여행을 가는 나라와 일정한 돈의 계획이 세워졌으면 이제는 그 돈으로 어떻게 활용해서 여행을 잘 갔다 올 것인가를 생각하며 세부적인 계획을 수립해야 한다. 내가 가진 돈으로 그 나라마다 꼭 해야 할 목록을 정하고 할 수 있는 놀이나 경험을 최대치로 끌어올릴 수 있는 나만의 여행루트를 만든다. 가고자 하는 나라가 정해지면 이제는 그 나라마다 특색과 내가 추구하는 가치에 맞는 여행계획을 잡는다. 나라마다 유명 관광지나 유적지를 찾아 루트를 만들 수도 있고, 아니면 맛있는 맛집이나 카페를 가거나 자기가 좋아하는 곳을 우선으로 계획을 할 수도 있다. 그러나 정해진 예산에도 맞고 나도 행복한 여행을 위해서는 효용가치를 따지며 어디에 시간과 돈을 쓰느냐를 잘 결정해야 한다. 여행에서 묘미는 내가 행복을 느끼는 것이고 그 행복을 아이들과 가족들과 함께 나눌 수 있고 최대로 끌어올릴 수 있는 곳에 돈을 써야 제대로 즐길 수 있기 때문이다.

후쿠오카를 가기로 마음먹었을 때는 일단은 아이가 첫 해외여행인 만큼 경험 위주로 아이들에게 눈높이를 맞추었다. 그러니 아이가 좋아할만한 놀이공원과 체험이 많은 곳을 찾다 보니 일본 속의 작은 유럽인 하우스텐보스로 갔다. 2박 3일의 짧은 일정이라 많은 것을 할 수는 없었다. 그래서 아이들과 일정을 소화하기 힘들지 않게 짰다. 아이들이 처음으로 비행기를 타고 해외로 가는 그 기쁨을 먼저 안겨주고 싶었다. 일본은 4번째 방문이다. 일본에서는 기본적으로 물가가 비싸서 대중교통을 이용할 때 교통패스를 구입해서 이용하는 것이 여행을 좀 더 즐길 수 있다.

일본의 교통패스 종류는 후쿠오카 1Day Pass, 투어리스트 시티패스, 도심 1일 자유 승차권, 그린패스, 산쿠패스, JR큐슈 레일패스 등 다양하게 종류가 많다. 그만큼 일본이 넓고 다양하니 자기에게 필요한 패스를 효율적으로 이용할 수 있어야 된다는 것이다. 공항에 도착하자 이제는 우리만의 자유여행의 묘미가 펼쳐진다. 여행가기 전 미리 보아둔 교통일정을 미리 생각하며 공항버스를 탔다. 공항에서 하카타까지는 버스로 두 코스이다. 공항에서 내려서 짐 찾고 입국심사하고 이러한 시간을 빼고 순수 버스 이동 거리는 20분 내외였다. 후쿠오카는 공항에서 시내까지 거리가 아주 가까웠다. 특히 부산에서는 거리상으로 가까워 배로도 갈 수 있다. 저가항공을 이용하거나 한번씩 얼리버드 티켓이 뜨면 주말을 이용해서 저렴하고 편하게 갈 수 있는 나라이다.

하우스텐보스로 가는 기차를 하카타에서 탔다. 미리 기차로 시간 예상을 하고 하카역에서 표를 예매하면서 일본이라는 나라를 아이들과 함께 부딪치며 처음 일본인과 말을 하게 되었다. 아이들은 겉모습은 우리나라와 비슷하나 말이 다르니 신기하게 본다. 일본 말을 몰라도 안내원이 알아서 한국사람인 줄 알고 필요한 요금만 정확히 계산해준다. 기차표 시간에 맞게 잘 찾아서 타기만 하면 된다.

내가 27살 처음 후쿠오카 왔을 때 정말 우리나라 부산하고 별반 차이가 없었던 느낌을 기억한다. 그때는 결혼 전이라 유아교육을 공부하면서 일본의 유치원 현장학습차 갔던 여행이어서 순수 자유여행은 아니었지만 그래도 처음 접한 외국인 일본 후쿠오카는 부산하고 정말 비슷했다. 지금 우리 아이들도 이렇게 느끼고 있을 것이다. 겉모습은 그래도 이제 세세하게 일본 안으로 여행을 하면 그때부터 일본만의 매력적인 여행을 하게 된다. 이번 일본 여행을 계획할 때는 교통편, 숙소, 공항, 놀이공원 입장료 이런 것들은 기본적인 다 계산되어진 금액 안에서 이용했다. 공항에 도착해서 택시를 탈 수도 있고, 더 좋은 숙소에서 잘 수도 있고, 이동할 때 버스나 기차 등 모든 선택을 내가 할 수 있다.

나는 하우스텐보스행 기차를 꼭 타고 싶었다. 아이들과 우리나라가 아닌 다른 나라의 기차를 타고 그 안에서 역에서 구입한 맛난 도시락과 맛있는 빵과 음료를 먹고 재미나게 사진을 찍고 행복한 이야기를 나누면서 느끼는 재미를 여행을 하는 이유라고 말하고 싶다. 여행을 수없이 다녀오고 좋은 관광지를 갔다와도 내 가슴에 남는 곳은 내가 행복했던 곳이었다. 어느 멋진 관광지가 기억이 나는 것이 아니다. 내가 그 자리에서 느꼈던 그 행복한 감정들이 추억이 되고 기억이 되는 것이다. 그래서 나는 아이들에게 최대한 몸소 느끼면서 경험하라고 말한다. 하우스텐보스 안에서의 모든 공연, 체험, 이벤트 모두 자유입장표 내에서 할 수 있는 프로그램을 부지런히 찾아다녔다. 하루 안에 다 할 수 없기에 꼭 필요한 놀이들만 하였다.

아이들은 모든 게 신기하니 딴 세상에 온 것처럼 좋아했다. 얼음방에서 음료마시기, 3D 가상체험, 일루미네이션 빛 체험, 공원 내 마차 퍼레이드 체험 등. 모든 일정을 비행기로 하루 만에 후쿠오카에 와서 하우스텐보스까지 가서 실컷 놀고 즐기고 그 다음날 정오에 다시 후쿠오카 시내까지 나왔다.

일본에 도착한 후 일정이 빠듯했지만 아이들과 실컷 놀고 숙소 도착하니 거의 밤 11시가 되었다. 아프지 않고, 칭얼대지 않고, 아이들과 오로지 여행을 즐기는 시간은 진정한 축복이다. 우리는 하루 동안 진정 열심히 일본을 즐기고 있었다. 다음 날은 전날 오로지 여행을 즐겼으니 하루쯤은 진정 일본의 감성 속으로 빠져들 수 있게 호텔 근처 나카강변을 따라 산책을 했다. 일본에 왔으니 초밥을 먹을 시간! 나카강 근처를 돌아보다 괜찮을 것 같은 초밥집에 들어갔다. 가격도 저렴하고 실내도 깔끔한 음식점에 들어갔다. 1시간 시간제한이 있는 음식점이었다. 접시당 우리나라 돈 1,000원 정도로 저렴하면서 맛도 일품이다. 일본에서 먹는 초밥이라 맛이 다르다. 아이들이 돌아가는 접시를 보면서 배를 채우자 접시는 그만큼 쌓여갔다.

나카강을 바라보며

낮에는 후쿠오카 라멘을 먹었다. 일본은 지역마다 재료와 육수나 들어가는 양념 방식 등이 달라서 라멘 종류도 다양했다. 면도 추가 주문이 가능하고 우리나라 라면하고는 달랐다. 우리나라 곰국 같은 국물에 생면을 넣은 듯한 느낌이었다. 깊이 우려낸 사골 국물에 조금 걸쭉한 느낌! 일본에서의 라멘은 진정 본토 음식이라 꼭 먹어보라고 권하고 싶다. 다양한 종류의 라멘의 식감을 느껴보라! 이것이 진정 여행의 행복이 아니겠는가! TV에서 라멘을 직접 만드는 과정을 체험하며 손수 생면을 만들어 음식을 조리해서 먹는 장면을 본 것 같다. 일본에는 오래된 장인이 많은데 오랫동안 이어진 노하우를 직접 배우며 함께 배울 수 있는 이색적인 체험도 아이들과 함께하면 재밌을 것 같다.

여행에서 무엇을 보느냐와 어떤 음식을 접하느냐에 따라 느끼는 행복이 차이가 있을 것이다. 여행을 떠나는 사람들은 그 기대와 설렘으로 여행을 떠난다. 나는 여행을 아이들과 갈 때는 아이들에게 내가 느끼는 이 행복감을 같이 느끼게 하기 위해 혼자 여행하기 힘들어도 아이가 클 때까지 아니면 커서도 엄마랑 여행을 하고 싶다고 할 때까지 같이 여행을 가고 싶다. 아이가 어릴 때는 내가 몸이 힘들어도 아이랑 몸으로 기억하는 여행과 오감을 느끼는 여행을 즐기고, 아이가 조금 더 크면 대화를 하며 서로 공감대를 형성하며 친구처럼 다정히 여행할 수도 있을 것이다.

아이는 어릴 때부터 국내를 비롯해 일본을 시작으로 가까운 괌, 블라디보스토크까지 여행을 다녀 세상을 하나씩 알아갈 것이다. 나는 아이들에게 세상은 진정 넓어서 하고자 하는 꿈은 우리나라 안에서만이 아니고 세계 어느 곳에서든 이룰 수 있다고 말하고 싶다. 여행이라는 삶의 활력을 가지고 살아갔으면 한다.

나는 힘들 때 남들처럼 앉아서 고민하는 사람이 아니다. 힘들면 힘들수록 몸을 움직였다. 하루종일 내가 좋아하는 자연을 찾아서 걷거나, 아니면 헬스장에서 실컷 땀을 흘리며 뛴다. 고민은 꼬리에 꼬리를 물고 올 뿐 답을 주지 않는다. 그럴 때는 그 고민의 흐름을 끊고 다른 생각을 해야 하는데 그때는 운동과 여행만 한 것이 없다. 인생을 통틀어 답답한 현실 앞에서 나를 살리는 것은 언제나 여행이었다.

아이랑 여행을 간다고 마음을 먹었을 때는 나보다는 아이에게 여행을 맞춘다고 생각하고 일단 아이 위주로 여행계획을 짠다. 아이들에게 엄마의 욕심으로 내가 원하는 방식만 따라오라고 강요하지 않는다. 아이와 함께 여행 계획을 짜면서부터 아이의 마음이 느껴진다.

이제는 잠깐 갔다오는 해외여행이 아닌 해외 한 달 살기처럼 길게 가고 싶다는 생각도 한다. 지금은 코로나 여파로 힘들겠지만, 그래도 내가 생각하고 있는 치앙마이 한 달 살기를 언젠가 가고 싶다 또 유럽 종주,

산티아고 순례길, 로마, 스위스 융프라우, 지중해 바다가 아름다운 그리스 산토리니 모두가 가고 싶은 곳이다.

여행은 가고 싶다고 바로 갈 수는 없다. 그러나 계획된 예산 안에서 시간이 허락한다면 얼마든지 실행을 할 수 있다. 여행지에서는 온통 행복을 느끼는 게 중요하다. 그래서 가기 전에 가성비 좋은 공항, 숙박, 하루 일정에 대한 루트를 머릿속으로 그리며 일어날 수 있는 모든 것을 계획하는 것이다. 그리고 여행을 즐기면 된다. 약간의 변수는 얼마든지 일어날 수 있다. 아이와의 여행이며 변수 때문에 조금 흐트러졌다 해도 여행의 맛은 변하지 않는다. 아이가 웃고 있는 해맑은 얼굴이, 그것을 바라보는 내가 그 여행을 즐기고 느끼고 있는 것이 아니겠는가!

행복하고 싶은 엄마! 그 엄마의 사랑을 먹고 있는 우리 이쁜 아이들! 당장 어느 나라를 갈까! 생각부터 해보자! 그러면 실행하는 데까지는 오랜 시간이 걸리지 않을 것이다.

04

아이와의 여행에서 돈 관리는 필수다

　여행을 간다는 것은 언제나 설렘이다. 그러나 바로 가고 싶지만 갈 수 없는 게 현실이다. 그게 다 돈과 시간이 들기 때문이다. 시간이 많아도 여력이 없으면 못 가고, 돈이 많아도 너무 바쁘면 갈 수 없는 게 여행인 것이다. 그렇다고 여행을 꼭 해외로 가야 묘미를 느낄 수 있다거나 그런 것은 아니다. 나는 가까운 국내여행도 자주 한다. 주말에도 내가 원하는 곳이라면 집 근처라도 여행의 기분을 느끼며 나간다. 여행은 내가 행복을 느끼기 위해 가는 것이다. 그 행복을 꼭 해외로 가야 느낄 수 있다고 말할 수 없다. 물론 새로운 나라에 대한 기대와 행복의 크기는 무척 큼을 알기에 해외로 여행을 떠난다. 새로운 것에 대한 호기심과 신기로움은 언제나 그렇다. 이렇게 가고 싶은 나라가 정해지면 이제 돈 문제이다. 돈이 많아 편하고 좋고 그런 곳만 선택해서 가면 좋겠지만, 그럴 수가 없다. 대부분의 사람들은 그렇게 여유가 있어서 여행을 즐기지를 못하기 때문이다. 그래서 혼자 가는 여행이든 가족이 다 함께 하는 여행이든 기본적인 예산에 맞는 여행 계획을 짜야 한다.

직장을 다니면서 아이를 셋이나 키우는 엄마는 몸과 마음이 얼마나 건강해야 버틸 수 있는지 겪어본 사람만 알 것이다. 누구나 처음 엄마가 되었을 때는 온 우주를 얻은 것처럼 기쁘고 행복하다. 그러나 그 기쁨도 잠시, 육아는 이전의 삶에서는 한 번도 경험한 적이 없는 평생을 두고 풀어 가야 할 난제이다. 아이를 키우는 일에 정답이 있다면 열심히 공부하면 되겠지만, 미지의 길을 저마다 정답을 찾아 열심히 헤매며 갈 수밖에 없다. 세 아이 엄마인 나는 13년 동안 낳고 기르면서 육아 휴직한 1년 외에는 꾸준히 일을 놓지 않았다. 임신했을 때도, 셋을 가지고도 언제나 일을 다녔다. 집에서 가만히 있지 못하는 성격인 점도 있지만 나는 내 안의 내가 하고 싶은 게 너무 많아서 직접 경제력을 기르고 그 능력을 키워가고 자기계발을 꾸준히 하는 사람이다. 경험에 돈을 쓰는 것을 아까워하지 않는 편이라 내가 좋아하는 여행과 책에는 언제나 투자를 한다. 혼자서도 여행하는 것을 즐기고 아이가 태어난 후에도 주말마다 시골에서부터 근교 등 다양하게 아이들과 다녔다.

아이들과의 여행에서는 아이들이 원하는 것을 다 들어줄 수 없고 그렇다고 여행을 왔는데 아이가 원하는 것을 들어주지 않는다면 기분 좋은 여행을 못할 것이다. 그럼 둘 다 효율적으로 기분 좋은 여행을 하려면 어떻게 하느냐 하는 것이 여행의 관건이다. 그래서 아이와의 여행은 돈 관리를 적당히 조절하는 게 필요하다. 보통 여행 가기 전 일정과 코스가 정해지면 거기에 맞는 입장권이나 기본적인 돈을 계획하고 하루 세끼 식사 금액 포함 기본적인 예산을 짠다. 그 외 기타 비용은 여유자금을 준비해서 간다. 아이들이 길을 가다, 특히 일본처럼 편의점에 막 들어가서 이것저것 사 달라고 하는 경우는 미연에 방지해야 한다.

아이들에게 여행 갔을 때 우리가 써야 하는 돈을 미리 계획하고 가져왔기 때문에 더 이상 지출하면 계획대로 여행을 할 수 없다고 이야기를 미리 해준다. 첫애는 철이 빨리 들어 이해를 하고 사달라고 조르지 않고, 둘째와 막내는 자제심이 부족해서 무엇을 사달라고 하면 마지못해 물이나 작은 과자를 사준다. 그러면 첫째는 "엄마, 우리 돈 얼마 남아있어?"라고 항상 묻는다. 엄마가 돈 관리를 못할까 봐 그러는 건지, 아니면 자기가 살 게 있는데 못 사서 그러는 건지는 알 수 없다. 첫애랑 해외에 나가면 이제 좀 컸다는 생각은 든다. 어느새 든든하게 의지할 수 있는 아들이 되어 있는 것 같다.

　일본에서는 아이들 위주로 갔다. 후쿠오카에서는 자유관광을 하면서 아이들 좋아하는 하우스텐보스에서도 신나게 액티비티를 즐겼고 미리 계획된 돈만 사용했다. 부수적으로 든 비용은 식사와 일반 군것질거리다. 일본 일정은 2박 3일이라 하루 셋이서 인당 1만 원으로 잡았다. 다양한 캐릭터들이 많은 장난감숍에서 아이들이 사고 싶은 신호를 보내도 안 된다고 한다. 공원에서의 장난감 가격은 가히 일본스럽게 비쌌으며, 그 다음 일정으로 일본 장난감 대형 피규어숍 '만다라케'도 가기로 되어 있어서 아이들한테는 그곳에서 더 다양하고 저렴하게 장난감을 살 수 있도록 설득했다. 그러면 아이들은 알겠다고 해주었다. 일본 시내에서도 자유관광을 하면서 아이들과 액티비티를 즐겼다. 일본에는 신기하고 재미있고 다양한 캐릭터 인형 가게 등이 많다. 나는 아이들과 일본에 여행 가기 전에 이미 후쿠오카, 도쿄, 고베에 한 번씩 가봐서 일본 문화를 어느 정도 알고 일본 사람들의 특색과 느낌을 알고 있었다.

　나도 처음 왔을 때 일본의 다양한 캐릭터나 귀엽고 아기자기한 실용적인 제품들이 많아서 끌렸다. 그러니 처음 온 아이들은 얼마나 신기하고 사고 싶겠는가! 아이들과 즐겁게 여행 온 만큼 서로 기분 좋게 돈을 적절히 조율하면서 쓰는 게 중요하다. 또한 일본 여행은 우리 부부 10주년 기념 여행이 아니던가! 아이들 위주로만 맞추면 우리 여행의 의미가 없기에 우리 부부도 밤에 맥주 한잔할 수 있는 자유를 누리고 맛있는 회전초밥으로 행복을 느끼기도 했다. 돈은 그런 것이다. 마냥 비싼 걸 산다고 좋은 것이 아니다. 내가 행복하게 느끼는 곳에 돈을 써야 진정 행복함을 느끼는 것이다.

괌에서는 여행 일정이 따로 정해져 있지 않았다. 오로지 물놀이를 즐기러 갔던 여행이다. 아이들과 하루종일 숙소에서 물놀이하고 체험하고 놀이하면서 보냈다. 덕분에 아이들 스스로 돈을 쓸 기회는 별로 없었다. 다만 물놀이를 마치고 근처 마트나 숙소 내 선물숍에서 조금씩 군것질거리들을 구입하고자 했다. 신나게 놀고 먹는 아이스크림은 또 얼마나 맛있겠는가! 숙소 내 기념품숍에서는 괌 PIC 펭귄캐릭터 인형이 눈길을 끌었다. 기념으로 사줄 만도 하나 아이들이 이미 다 커서 인형 말고 간단한 배지를 아이들에게 선물용으로 사주며 그것으로 만족하라고 했다.

국내에서도 에버랜드, 롯데월드, 대전오월드 등에 수차례 가고 해양박물관, 대형 아쿠아 수족관도 우리집 아이들은 안 가본 곳 없다. 주말이면 나들이를 나가거나 휴가를 이용해 먼 서울, 강원도, 대전, 대천, 안면도 등지에 대가족여행을 해마다 다녔다. 그러나 갈 때마다 아이가 원하는 것을 다 들어줄 수는 없다. 꼭 필요한 물건을 살 때만 돈을 썼지만 여행의 주목적인 경험에 쓰는 돈은 아깝게 여기지 않았다. 가령 괌에서는 그 나라의 자연을 볼 수 있는 돌고래 관람 등이다. 아이들이 책에서 보는 수족관에 있는 돌고래 말고 진짜 바다에서 자연으로 놀고 있는 돌고래를 볼 수 있는 것이 얼마나 신기하겠는가! 그런 데 쓰는 돈은 값진 경험의 돈이다. 경험하면서 나의 가슴과 몸이 기억하는 것에는 돈이 아깝지 않다. 물질은 한 번 쓰고 말면 그만이지만, 몸으로 기억하는 경험은 내 가슴에 남고 머리에 남고 추억에 남는다.

우리 부부는 사고 아닌 사고를 쳐 임신 5개월, 혼수를 배에 품은 채 결혼을 했다. 신혼 없이 시작한 결혼이었고, 신혼여행도 못 갔을 수도 있었으나 나는 여행을 좋아하고 결혼하고 신혼여행은 꼭 가고 싶어 가까운 동남아 직항으로 갈 수 있는 세부로 여행을 갔다. 홀몸도 아니었지만 입덧도 없는 건강 체질이라 스킨스쿠버를 하고 싶었다. 바닷속 열대어를 보고 싶었고 나만의 신혼여행에서의 추억을 많이 남기고 싶었다. 평소 호기심이 많은 내 성격도 한몫했다. 평소 겁이 없고 무턱대고 일단 저지르는 나는 정한 것은 무조건 하나만 보고 달려가는 성격이다. 남들은 홀몸도 아닌데 위험하지 않느냐고 했다. 그러나 나는 그렇게 생각하지 않는다. 내가 행복하고 즐거우면 배 속의 아이도 내 몸과 한몸이기에 행복이 느껴진다고 생각한다. 돈보다는 경험이 우선인 여행을 나는 좋아한다. 다만 돈은 그 많은 경험을 가능하게 해주기에 값진 것이다.

여행은 몸으로 느끼고 가슴으로 느끼고 나의 머리에 한아름 이쁘고 행복한 추억을 한가득 담아오는 것이다. 그것을 하기에는 돈은 많으면 많을수록 좋겠지만, 이러한 행복은 돈만 많다고 얻을 수 있는 것이 아니다. 아이들과 여행을 가면 원하는 것을 다 들어주고 싶다. 그러나 아이들이 여행에서 느끼는 만족은 엄마가 사달라고 하는 것을 다 사줘서 여행이 기쁘다고만 느끼지 않았으면 한다. 물질적인 행복은 순간이다. 그 대신 엄마와 아빠와 함께 나누어 먹었던 일본의 우동 한 그릇의 추억, 괌에서 진짜 상어를 보기 위해 트래킹 코스를 함께 걸었던 경험, 이런 것을 얻기 위해 돈을 쓰면 더욱 소중한 행복을 얻을 수 있다. 아이와의 여행에서 비용 예산을 미리 짜는 것은 더 많고 큰 행복을 낳기 위해 절대적으로 필요하다.

05

저렴하고 최고 가성비의
여행 계획을 짜라

여행을 계획할 때 여권과 비행기 티켓, 호텔 예약만 달랑 하고 가는 무계획자도 있겠지만, 이런 여행은 혼자 갈 때나 가능하지 아이들과 같이 가는 여행은 계획을 세부적으로 해서 가는 것이 기본이다. 내 성격상 계획하고 스케줄 짜고 세세하게 챙기고 하는 편이라 여행 가서 불편한 점을 미리 해소하고자 미리 준비한다. 우리 부부는 남편이 여름에 바쁜 편이라 대부분 가을 휴가를 주로 갔다. 남편 회사가 그리 넉넉하게 휴가 일정을 주지 않아서 대부분 남편 휴가가 정해지면 내가 거기에 연차를 맞추어서 주로 여행을 다녔다. 그러나 남편 일정이 안 맞거나 할 때는 나

혼자 아이들을 데리고 여행을 갔다. 아이들 여름방학이나 아니면 금요일 하루 연차 내고 금토일, 이런 식으로도 여행을 잘 다녔다. 여행 일정이 정해지면 나는 그때부터 바빠지고 행복해지기 시작한다. 여행을 가는 곳에서의 행복도 좋지만 계획을 짜면서부터 이미 여행지에 도착한 마음이 되어 너무 설레고 행복하고 신난다. 이번에는 어느 나라로 갈까? 내가 원하는 세계 여러 나라 중 끌리는 곳은 어디인가?

직장에 입사하고 해외 여행을 갈 때 회사 여행패키지가 잘되어 있어서 덕을 많이 봤다. 호텔 숙박 30% 할인! 덕분에 비행기표만 예매하고 싼 값에 호텔 예약해서 가는 경우도 있었다. 혹은 패키지로 전체 금액의 30%를 할인 받는 경우도 있엇다. 꽘에 갈 때 이런 패키지로 예약하고 갔다. 여행 계획을 할 때는 일단 나라가 정해지면 그 나라의 현재 할인 패키지가 저렴한지, 비행기, 숙소의 인터넷 최저가는 어떤지 비교해보면서 가성비가 높은 것을 골라서 간다.

입사 전에도 해외여행을 갈 때는 자유형식으로 갈 경우에는 비행기 저가항공 앱을 알림 설정을 해놓고 저렴하고 시기가 맞는 할인가가 뜨면 바로 예약을 하고 여행을 갔다. 에어부산, 제주항공을 주로 자주 이용했다. 조금 불편해도 여행을 가는 목적이 그 나라에서의 경험이었기에 최대한 저렴한 방법을 연구했다. 혼자 떠나는 여행에서는 숙소도 비싼 곳은 필요없다. 여행을 가면 외부에서 하는 활동이 많아서 숙소에 있는 시간이 별로 없기 때문이다. 시내 근처로 이동까지 편리한 숙소라면 더욱 실속있다. 그러나 아이들이랑 갈 때는 리조트에서 하루종일 보내야 될 수도 있어서 조금 숙소에 신경을 쓴다. 그러나 대부분은 잠은 안전하게 잠깐 자고 대부분 밖에서 활동하기 때문에 숙소에 비용을 많이 투자하지는 않는다. 해외에서의 시간은 금이다. 내가 한 투자 대비 최고의 결과를 얻어야 하기 때문이다. 그러나 아이랑 함께 가면서는 생각이 조금 바뀌었다. 그냥 숙소에서 바깥 풍경을 보면서 힐링하면서도 행복을 느낄 수 있어서 이제는 빠듯하게 여행을 하지는 않는다. 어린 시절 여행은 젊음이 있었고, 지금은 안정과 여유를 즐기는 여행을 원하기 때문이다.

일본는 우리 가족 4명이 같이 갔던 첫 해외였다. 결혼 10주년 기념으로 갔지만 아이들이 처음 해외여행을 가니 아이들 위주로 맞춘 여행이었다. 그래서 정한 곳이 부산에서 제일 가까운 후쿠오카였다. 첫날 일정은 후쿠오카 도착 후 또 기차로 이동하는 하우스텐보스였다. 후쿠오카 여행은 패키지로 하지 않고 비행기 편과 숙소는 따로 개인적으로 정했다. 첫날 일정과 두번째 일정이 다른 코스였다. 비행기는 대한항공으로 갔고 숙소는 회사 숙소 패키지 30% 할인된 하우스텐보스에서 1박, 후쿠오카 힐트에서 1박을 했다. 저렴하게 다녀왔다. 갔다와서 느낀 것이지만 아이가 어느 정도 크니 밖에서 활동을 많이 하게 되어 숙소로 돌아가면 거의 10시가 넘었다. 아침에 일어나 또 나와서 활동하면 숙소에 오래 있지 않으니 이렇게 짧은 2박 3일 코스로 갈 때는 숙소 비중보다 경험에 비중을 두고 비용을 쓰는 게 좋겠다고 생각한다. 사람들마다 여행의 목적도 다르고 어느 것에 비중을 두는 것도 다를 수도 있다. 경험보다 잠만큼은 편하게 자야 된다고 생각하는 사람은 또 나와 다른 곳에 비용을 투자할 수 있다. 나는 해외 한 달 살기도 꼭 하고 싶다. 조금 저렴한 동남아시아, 내가 꿈꾸는 치앙마이에서 한 달 동안 살고 싶은 계획이 있는데 이럴 경우에는 숙소를 결정할 때도 실속 있게 가격 대비 여러가지 고려를 해야겠다고 생각한다.

일본 일정은 가기 전에 하우스텐보스 숙박만 예약을 했고 입장료는 인터넷 사이트에서 저렴한 할인가로 구입을 미리 해놓았다. 문제는 후쿠오카에서 하우스텐보스까지 이동인데 버스를 타는 것보다는 기차가 저렴하고 하우스텐보스 전용 기차가 있어서 아이들이랑 가는 첫 번째 여행이기에 다소 안전한 코스로 갔다. 하우스텐보스가 시모노세끼에 있어서 시간상으로 괜찮으면 주변 관광도 하려고 했으나 아이들에게 다소 무리여서 하우스텐보스에서 온종일 즐기고 후쿠오카로 가기로 했다. 일본은 교통비가 비교적 많이 비싼 편이라 일본을 이용할 때는 그 목적지와 장소에 따라 다양한 교통 패스들을 잘보고 미리 준비하면 저렴하게 다녀올 수 있다.

괌 여행은 아이 셋만 데리고 갔다. 여름방학 기간이었다. 아이들도 어느 정도 크고 내가 큰 무리 없이 리조트에서 놀고 일부 자유여행만 예약해서 여유롭게 다녀올 수 있었다. 괌은 비행과 숙소에 회사 패키지 할인이 지원되어서 친정엄마까지 합류해서 갈 수 있었다. 왜냐하면 4인 패키지보다는 5인 패키지 할인이 더 크기 때문이다. 친정엄마도 괌은 안 가본 곳이라 같이 가자고 하니 흔쾌히 허락을 했다. 여름방학 시즌이라 여행가격도 사실 비수기보다는 비쌌지만 아이들 방학이고 회사 할인이 지원되는 장점을 이용해서 무리 없이 가기로 했다. 사실 아이들과 함께 가는 여행이라 친정 엄마랑 단둘이 가는 여행이나 또는 부모님 또래하고 하는 여행보다 다소 재미가 없을 수도 있었으나 그냥 엄마에게 괌의 파란 하늘, 에메랄드빛 바다를 보여주고 싶었다. 괌 PIC 여행은 골드카드로 같이 끊으면 리조트 내에서 세끼를 다양하게 먹을 수 있고, 선택 식사로 선셋 바비큐, 판타지 원주민 디너쇼가 있었고, 리조트 내 레스토랑도 한 번 이용할 수 있었다. 매번 먹는 식사도 계속 먹으니 맛은 거기서 거기였다. 처음엔 가격 대비 저렴하기도 하고 차도 없어서 아이들과 나가지도 못할 것 같아 선택한 것이었다. 만족도는 보통이었다.

괌은 한국 관광객이 많다. PIC 내부 식사가 별로라 밖으로 나가는 가족들도 많다. 3일이나 그 이상 오래 이용하는 장기 여행자는 리조트 안에서 먹는 식사가 물리는 것 같다. 내가 생각할 때 아침은 간편히 먹고 중식, 석식은 미리 예약을 안 하고 근처 가까운 곳의 맛집을 찾아서 먹어도 괜찮을 것 같다. 일정이 짧을 경우 성수기에는 다양한 선택 사항이 있어도 다 누리지 못하고 올 수도 있으니 미리 알아보고 계획을 짜는 것도 필요하다. 우리는 4일 일정 동안 시간이 안 맞아 선셋 바베큐도 못 먹었다. 괌은 주변에 큰 쇼핑센터가 많고 마트도 있고 다양한 일정을 할 수 있는 곳이다. 자기 성향에 맞는 계획을 짜서 가면 더욱 많이 즐길 수 있는 나라이다.

아이들이 좋아하는 돌고래 관람이나 해양스포츠 체험은 날씨와 일정상 다 못했지만 여행은 풍부한 경험을 주기 때문에 즐길 수 있는 환경만 되면 충분히 즐기라고 말해주고 싶다. 여행에서의 시간은 황금 같으며 그 추억은 온전히 아이와 나의 가슴속에 남는다.

블라디보스토크 여행을 간다고 했을 때는 한겨울인 1월이었다. 우리나라보다 훨씬 추운 영하 19도라고 하니 이런 새로운 곳의 여행 계획을 할 때는 그 나라의 자연 환경을 생각하여 필요한 준비물을 준비한다. 비행기와 숙소는 회사의 지원을 받아 에어텔 30% 할인받았다. 이번에는 아이들과 무엇을 많이 하고자 하는 여행이 아니라 좀 쉬고 싶다는 생각으로 간 여행이라 자유여행 형식을 택했다. 아이들과 새로운 유럽 문화와 오로지 눈뿐인 세상을 보고 싶었다. 블라디보스토크를 간다면 일단 영하의 날씨이니 아이들의 건강도 신경 써야한다. 따뜻한 옷과 부츠, 방한

용모자, 핫팩 등을 준비했다. 주요관광지를 많이 볼 게 아니고 아이들과 그 문화를 즐기고 싶어 갔던 여행이다. 비수기라 사람들도 많이 없고 내가 좋아하는 자연이 많으니 더할 나이 없이 만족한 여행이었다. 선택 관광으로 역사 관광과 유람선 관람을 하루 반나절 했고 이후는 전부 자유일정이었다. 걷는 일정이 많았지만 아이들의 건강에 무리가 없는 상태로 진행을 했다. 이동수단은 미리 조사할 때 봤던 막심택시를 이용했다. 핸드폰으로 금방 부를 수 있는 장점이 있고, 또 해외에서 바가지 쓰지 않고 안전하게 요금을 미리 알 수 있고 믿고 여행을 할 수 있으니 우리나라 자유여행객들이 많이 이용한다. 러시아는 개인적으로는 렌트를 해서 자연을 조용히 즐기고 싶은 나라이나 사람들의 성향과 운전하는 습관이나 도로 사정상 여자 혼자서 운전하기에는 위험한 부분이 있었다.

여행을 간다는 것은 언제나 설렘이다. 그러나 그 여행을 계획할 때의 설렘도 행복이다. 너무 계획된 여행은 틀에 맞게 하려다 진정 여행의 묘미를 못 느낄 수 있다. 나는 그래서 언제나 큰 틀을 미리 정한다. 비행기나 숙소, 꼭 관람할 대상이다. 그렇게 정한 후 세세한 계획은 거기서 느끼는 대로 움직인다. 다른 나라를 여행한다는 것은 그 나라의 문화를 알고 사람들의 생활을 보고 일상을 느끼는 것이다. 주요 관광지를 꼭 보러 가는 여행을 말하는 것이 아니다. 난 여행은 우리가 매일 일어나는 일상을 벗어나 새로운 나라 새로운 경험을 느끼고 싶어 가는 것이라고 생각한다. 그러려면 그 나라마다 다르게 여행 계획을 세워야 한다. 그래야 시행착오 없이 내가 처음 즐기고자 했던 그 여행에서의 행복을 느낄 수 있다. 그러면 오로지 나의 행복으로 이어지고 그렇게 계획된 여행을 갔다 와서 또 그 경험을 바탕으로 새로운 여행 계획을 더 잘 짤 수가 있다.

06

아이들은 말이 통하지 않아도 안다

아이들과 함께 간 괌은 오로지 물과 함께 놀 수 있는 곳이다. 해외이긴 하지만 우리나라 사람들이 많다. 아무래도 아이들이 방학인 것을 이용해서 편안히 리조트에서 놀 수 있고 다양한 체험이 많은 PIC를 많이 선호한다. 놀다가 해외에서 첫애 학교 친구까지 우연히 만난 걸 보니 우리나라 사람들이 많이 가는 곳이 맞다. 우리나라 아이들도 많지만 해외에서 온 다양한 국적의 아이들도 만났다. 물놀이를 하면서 아이들은 서로서로 친구가 된다. 아침부터 저녁까지 계속해서 물놀이를 해도 아이들은 신난다. 괌은 친정엄마와 아들 셋이서 같이 갔던 여행이다. 엄마도 여행을 좋아해서 함께할 수 있었다. 하지만 엄마는 또래의 친구들이 없고 아이들만의 여행이니 그냥 경치 하나 보는 것으로 만족하는 것 같다. 그래도 엄마랑 아이들 저녁 야간 수영하고 둘이서 먹는 맥주 한 캔의 행복은 그동안 엄마와 나의 힘든 삶을 모두 녹여주는 기쁜 축복이다.

아이들이 물놀이하다 가까운 곳에서 안 보여 근처를 찾아 보니 리조트에서 하는 할로윈 파티에 참여하고 있었다. 유명한 캐릭터 복장을 하고 아이들과 영어로 게임을 즐기면서 세계 여러나라 아이들과 어울려서 노는 걸 보니 아이는 아이다. 눈 색깔과 머리 색깔이 다르고 쓰는 언어가 달라도 아이들은 친구가 된다. 우리가 흔히 꼭 말을 하지 않아도 안다는 표현을 그렇게 말한다. 전부 여럿이 어울려 논다. 서로 서로 몸을 부딪치며 논다. 행사 진행자가 영어로 말을 해도 눈짓 발짓으로 표현하며 아이들이 소정의 선물이 걸려 있으니 열심히 참여를 한다. 옆에서 지켜보는 세계 여러 나라들의 엄마아빠는 그 모습을 흐뭇하게 바라보고 있다. 아이들은 말이 통하지 않아도 느낌으로 느낀다.

블라디보스토크는 온 세상이 눈의 나라였다. 아이들이 처음 보는 세상이었다. 부산에서는 눈 보기가 일 년에 한 번 있을까 말까 하는데 여기는 영하 19도에 육박하고 바다가 어는 추위의 한겨울이다. 그 눈이 좋아 아이들이 하루종일 뒹굴고 뛰어다닌다. 눈을 하늘로 뿌린다. 얼마나 새로운 경험인가? 이러한 세상이 있다는 것도 놀랍다. 그 눈 위에서 블라디보스토크의 예쁜 여자아이가 우리 아이가 얼음을 깨고 놀고 있는 곳으로 지나간다. 여자아이가 소지품을 들고 가다 잠깐 떨어뜨렸는데 우리 둘째 아이가 주워준다. 그때 나는 멀리서 두 아이의 눈이 마주치고 그리고 나와 우리 아이의 눈이 마주쳤다. 아이가 웃는다. 아무래도 푸른 눈의 이쁜 외국 소녀가 좋은 것 같다.

블라디보스토크 해양공원은 그 나라 사람들도 아이들과 많이 놀러오는 곳이다. 아이들이 주변 놀이공원에서 놀기도 하고 얼음바다에서도 논다. 블라디보스토크 해양공원을 겨울이 아닌 여름에 가면 이 바다가 언 바다가 맞나 싶게 그냥 일반 바다와 같다. 겨울에는 바다가 얼고 그 바다 위에서 아이가 얼음을 깨고 물놀이를 하는 모습이 마냥 즐거워 보인다. 삼삼오오 다른 나라 아이들도 신나게 논다. 해외에서 느끼는 것이지만 항상 사람이 많은 곳은 바이올린을 연주하고 돈을 받는 모자 악단이 눈길을 끈다. 해외의 그런 자유로움이 부럽다. 우리나라도 버스킹 문화가 있지만 해외에서는 조금 더 자유로운 것 같다. 자기가 좋아하는 음악을 연주하고 사람들의 귀를 즐겁게 해주고 이걸 들은 사람들이 돈을 줄 줄 아는 여유롭고 자유로운 영혼들처럼 보인다.

해양공원에서 그 나라 아이들과 같이 놀지는 않았지만 아이는 신기한 경험이라고 느끼고 있을 것이다. 여기가 외국이고 그 나라의 아이들이 책 속에 나오는 외국인의 모습을 하고 지금 내 눈앞에서 같이 놀이를 하고 있다니….

블라디보스토크 아침의 눈풍경을 따라 식사를 하고 첫애는 숙소에 있겠다고 해서 둘째랑 주변 산책을 했다. 나는 다른 나라를 가면 직접 사람 사는 모습을 보고 싶어 한다. 그래서 패키지여행보다는 내가 자유롭게 할 수 있는 자유여행을 즐긴다. 진짜 온통 눈세상이다. 부산에서는 이 나라의 풍경은 감히 상상할 수가 없다. 영하 19도라고 핸드폰이 기온을 말해준다. 그러나 체감적으로 그렇게 춥지만은 않다. 아무래도 이러한 생활이 며칠만이니 우리는 즐길 수 있다. 그러나 매일 사는 사람은 이게 일상인 것이 그냥 일부로 받아들여질 것이다.

지나가는 나이 있으신 할머니가 참 곱다. 우리가 알고 있는 모피 코트를 단정하게 입고 화장하고 머리에 털모자를 쓰고 키가 크고 고풍스럽고 여유롭게 늙어가는 유럽 사람처럼 보인다. 유독 내가 본 일부 사람들만 그럴 수도 있다. 그러나 이 나라 사람들 대부분은 키가 크고 코가 오똑해서 모두가 모델 같다. 주택가를 지나가다 아파트 사이로 썰매장 같은 곳에서 엄마와 아이가 눈썰매를 타고 있다. 사실 엄마와 아빠가 썰매를 끌고 다니고 뛰어다니면서 어린아이가 앉은 썰매를 열심히 끌고 있다. 그 모습을 보니 세계의 여느 부모도 아이의 재미를 위해 눈 위를 뛰어다니

눈의 왕국

면서 아이에게 신나게 타는 재미를 선사해주고 있다. 내가 엄마랑 아이랑 노는 모습을 보고 둘째아들에게 가서 같이 타볼래? 했는데 우리 아이는 나 닮아서 수줍음이 많다. 여기는 겨울이라 온통 썰매를 탈 수 있으니 아파트 안에는 썰매 공간처럼 마련되어 있었다. 우리 아파트 안에 인라인이나 자전거를 탈수 있는 것처럼…. 나는 아이에게 물어본다. 저 아이 참 재미있겠다. 엄마가 끌어줘서 아이는 그 어린애들을 보면서 알 것이다. 나도 타고 싶다고…. 그래도 옆에서 우리엄마는 여기까지 와서 나에게 이 하얀 눈의 세상을 선물해줘서 고마울 것이다.

아이들에게 세상은 무한한 창의력과 희망으로 가득한 보물지도 같은 세상이다. 그 안에는 다양한 아이들이 자라나고 있다. 우리네 아이들이 세계 속의 아이들, 책 속에서만 봤던 아이들과 한 번이라도 몸과 눈을 마주보며 대화를 하지 않더라도 느낌으로 알 수 있다. 이러한 경험을 할 수 있다는 것은 여행 덕분이라는 것을 깨닫게 된다. 우리나라에서도 영어유치원이나 영어마을 등 세계 여러 나라 아이들과 부딪칠 수 있는 환경은 무한하다. 그러나 그 환경은 임의로 만들어진 교육이라는 매체로 이어진 하나의 임시 공간이다. 그 속에서는 진정 진심이 묻어나지 않는다. 내가 진정 즐기면서 뛰어놀면서 옆에서 같이 그 기쁨을 함께하는 아이…. 내가 놀이를 하면서 바라보는 파란 눈의 여자아이의 눈동자를 아이는 기억할 것이다.

우리가 흔히 광고에서 나오는 "말하지 않아도 알아요! 눈빛만 보아도 알아요!" 나는 아이가 이런 감성을 키웠으면 한다. 이성으로 내가 필요한 친구를 선택하는 것이 아닌, 계산적인 관계가 아닌 마음과 감성이 통하는 그런 아이로 성장하길 진정 바란다. 외국인 아이들과 겉모습이 달라도 말이 달라도 같이 함께 놀 수 있는 것은 마음으로 함께하는 것이기 때문이다. 어른들 눈으로 바라보며 내게 저 사람이 도움이 되겠다 안 되겠다가 아닌, 진심으로 마음으로 함께하기 때문이다. 옆의 아이가 힘들면 함께 도와줄 수도 있고 2개가 있을 때 1개를 줄 수도 있는 인정이 있어야 아이도 나중에 1개를 받을 수 있는 아이로 성장하지 않겠는가!

점점 부모들이 아이 하나도 낳지 않는 사회가 되고 있다. 외동이 더 많은 세상이 되고 있다. 아예 결혼을 하지 않는 처녀 총각들도 많다. 그러면 혼자 있는 아이가 많을 것이고 점점 사회적으로 서로 형제가 아닌 내 또래 친구들이 아이들의 마음을 가장 잘 이해해주지 않겠는가!

07

책임에 따른 용돈 습관이
해외에서도 척척!

오늘 낮에 막내가 우동을 먹고 싶다고 한다. 방학이나 평일에 일을 한다고 아이들과 함께 놀아주지 못했다. 매일 첫째와 둘째 형들에게 치여 오로지 엄마와의 시간을 가지고 싶었을 것이다. 막내가 원하는 우동과 돈가스를 시켰다. 8살 막내아이가 엄마에게 질문을 한다. "엄마, 얼마 나왔어?" 우리 아이들은 무엇을 사거나 구매할 때 그 물건의 가치를 보고 구매를 한다. 어릴 때부터 용돈을 줄 때 자기가 얼마만큼의 돈을 받는지 그 돈으로 얼마의 물건을 구매하는지 아이가 필요한 문구나 아이스크림을 살 때 보고 판단을 한다. 그리고 물건을 사거나 구매를 할 때 직접 돈을 내고 거스름돈을 받게 한다. 매주 집이 부산대 근처라 아이들과 금정산을 끼고 있는 대학교 산책을 자주 간다. 산책을 하고 시원하게 먹는 커피 한잔과 아이들은 학교 앞 와플을 주로 사먹는다. 막내가 주로 좋아하는 와플집에서는 지나가는 학생과 사람들이 붐비니 직접 돈을 돈 통에 넣고 잔돈을 가져가게끔 한다. 매주 산책할 때마다 가다 보니 아이는 혼자서 와플 가격 1,500원을 직접 돈 통에 넣고 잔돈을 직접 가져간다. 특히 막내가 유달리 돈과 셈에 강하다. 아이 셋을 키워보니 성향도 다 다르고 막내가 유독 자기 것을 챙기는 걸 보니 막내라서 더욱 욕심이 많은 것 같다.

아이들에게 자본주의 사회에서 돈의 중요성, 특히 어릴 때 주는 용돈의 습관이 아이의 돈에 대한 생각을 자라게 한다. 아이들에게 용돈 관리 습관을 바로 잡아야 경제 습관도 잡힐 수 있고, 나중에 커서도 돈에 대한 정확한 마인드를 정립할 수 있다. 어떻게 하면 아이들에게 좋은 용돈 관리 습관을 길들일 수가 있을까? 생각을 해본다. 아이들에게 재산을 물려주는 것보다는 만들어지는 방법을 깨닫게 해주는 것이 더 바람직하다. 아이들에게 재산이 만들어지는 과정을 체험하게 하기 위한 방법으로 용돈 관리를 일찍부터 시작하게 해주면 된다. 용돈의 액수, 지급, 관리하기 등을 통해 소비 개념을 형성하고 신용 쌓는 법을 배워갈 수 있다. '부자 열풍'이 불면서 한때 경제 교육 캠프나 펀드, 주식 등의 경제 개념을 학습

시키는 것이 유행하기도 했다. 그러나 아이들에게 경제 관념을 길러주는 방법으로는 경제 캠프 같은 교육보다는 용돈을 잘 관리하는 습관을 길러주는 것이 더 효율적이다. 용돈 관리장을 쓰면서 꼼꼼하게 용돈을 관리하는 아이들이 올바른 소비 습관 등 좋은 습관을 가질 수 있다.

우리집 막내와 친오빠 첫째 아이는 나이가 같다. 둘다 1학년 초등학생이다. 우리집 아이는 남자아이라 학교 공부나 학습에 있어서는 조금 떨어질지 모르나 둘다 같은 초등학생이지만 독립성과 돈에 대한 사회경험은 우리 막내가 훨씬 잘한다. 그것은 주어진 가정환경이 그렇게 만든 점도 있다. 나는 아이라도 용돈을 받을 때에는 응당 자기가 한일에 대한 보상으로 일의 댓가를 받듯이 공짜로 돈을 주지 않았다.

집에서 자기가 한 일에 대한 보상의 결과로 돈을 준다. 가령 방 쓸기나 방 닦기를 했을 때, 빨래를 잘 정리할 때, 많은 설거지를 도와줄 때, 재활용 분리를 잘했을 때 등 어떠한 일에 대한 결과로 보상을 준다. 그러면 아이도 자기가 한 일에 대한 만족감도 커진다. 그리고 그렇게 번 돈으로 근처 편의점에 혼자 가서 자기가 원하는 것을 사고 남는 돈으로 엄마 아빠에게 한 번씩 "커피 사 줘!" 하면 선심 쓰듯 사준다. 이렇게 하면 돈을 벌고 쓰고 그리고 나누고를 한번에 배울 수 있다.

이렇게 평소에 해둔 용돈 관리 습관은 해외 가서도 알아서 잘한다. 물론 우리나라 돈이 아니다. 기본적인 틀과 그 가치의 단위를 설명하면 아이들은 어른과 다르게 빠르게 흡수한다.

후쿠오카 하우스텐보스에서의 여행은 아이들에게는 꿈의 세상이다. 온갖 갖가지 놀이시설과 오락시설 재미난 놀이들이 넘쳐난다. 볼거리 놀거리가 다양해서 선택한 테마파크였다. 기본적인 놀거리는 입장료 안에다 포함되어 있었고, 선택적으로 하는 체험 같은 활동은 개별적으로 필요한 만큼 이용하고 놀면 된다. 아이들이 테마파크 안의 오락시설 같은 게임놀이터에서 엔화를 각각 한 사람당 우리나라돈 1만 원씩 줬다. 자기들끼리 하고 싶은 게임도 하고 인형 뽑기도 하고 우리나라 돈이 아니어도 자기가 하고 싶은 것을 그 돈에 맞게 제대로 사용하고 계산을 하고 잘 사용하였다. 한번 가르쳐준 돈의 습관은 해외에서도 잘 활용했다. 편의점에서도 그리고 하우스텐보스에서 후쿠오카로 다시 향하는 기차표 예매할 때 기계에서도 잘 계산을 했고, 일본식 라면을 계산할 때도 기계도 하는 것이어서 아이들이 우리나라와는 다른 기계주문이라 재미가 있는지 자기들이 직접 해보고 싶어했다. 그리고 잘해냈다. 가정에서 해본 모든 경험은 사회에서 빛을 발한다.

아이들에게 가정에서 조금 더 세부적으로 용돈을 더 잘 관리하게끔 하려면 어떻게 하면 하겠는가? 일단 용돈을 줄때는 약간 넉넉하게 주는 것이 좋다. 주는 시기는 저학년은 주 단위로 고학년은 월 단위로 주는 것이 좋으며, 이를 통해 아이는 계획적인 지출 습관을 들일 수 있게 된다. 용돈의 액수는 아이와 상의해서 함께 결정해야 하는데, 용돈으로 지출하는 범위를 정해서 결정한다. 용돈으로 해서는 안 되는 항목, 용돈을 더 주게 되는 상황 등을 꼼꼼하게 생각해서 정한다. 아이와 함께 정한 규칙은 종이에 적어서 모두가 잘 볼 수 있는 장소에 붙여 둔다. 이런 과정은 규칙을 잘 지켜가면서 경제개념을 바로 잡고 신용을 쌓는다는 것이 어떤 의미가 있는지를 깨닫게 할 수 있기도 한다.

용돈 관리 방법은 아이와 용돈의 사용처, 규칙을 만들었다면 아이가 용돈 관리를 할 수 있도록 용돈 기입장 사용법, 은행 입출금 통장사용법 등을 지도한다. 용돈 기입장을 사용할 때는 영수증도 함께 보관할 수 있도록 하고, 용돈 기입장을 3개월 이상 꾸준하게 사용해서 익숙해지면 수입과 지출의 결산을 해보게 한다. 수입과 지출 결산을 할 수 있게 되면 다음 단계로 예산을 세우는 일도 한다. 이것은 수입과 지출을 알게 되었을 때 실행하는 것이 훨씬 쉽게 느껴지는데, 이때 아이가 꼭 하고 싶은 일에 대한 목표 세우기와 계획을 수립할 수 있도록 돕는다.

우리 아이 셋은 성격이 다양하다. 내가 아이에게 주는 용돈을 어떻게 쓰라고 강요할 수는 없다. 그러나 왜 용돈을 관리해야 되는지는 인지시켜주어야 한다. 나는 아들만 셋인 평범한 맞벌이 부부라 아이들에게 들어가는 돈을 무한정 줄 수 있는 여건도 안 된다. 또한 미래에는 아이들의 삶의 방식도 우리가 살아온 방식과는 전혀 다른 세상이 올 수도 있다. 지금 코로나 사태만 봐도 그렇지 않은가? 우리가 알았겠는가! 이러한 세상이 올지! 사람들이 만든 온갖 바이러스로 또한 사람들이 당하고 있지 않은가! 그러면서 우리가 살아가는 삶의 방식과 문화도 바뀌고 있지 않은가! 앞으로 어떤 세상이 올지는 아무도 모른다. 아이는 하나의 독립된 인격체이다. 부모가 자녀에게 할수 있는 것은 내가 가진 재산을 물려주는 것도 작은 힘은 되겠지만 그것보다 중요한 것은 삶을 혼자서 이겨나갈 수 있는 힘을 기르는 것이다.

일을 해서 용돈을 받고 내가 필요한 곳에 쓰고 그리고 또한 어려운 사람들을 위해서 함께 나누고 그게 진정 올바른 사회로 가기 위한 아이들의 살아있는 공부인 것이다.

아이들을 부자로 만들고 싶은가, 아니면 학벌은 좋지만 가난한 사람으로 키우고 싶은가? 대부분의 부모들은 전자를 원할 것이다. 아이들을 무수한 학원에 보내고 지식을 쌓게 하는 것은 훗날 자녀가 부자로 살게 하기 위한 것이 아닌가! 그 부자가 되기 위한 가장 기본 단위가 돈이다. 아이가 돈을 알고 그 돈을 제대로 일을 해서 벌고 제대로 된 곳에 쓰고 하게 하는 것이다. 가정에서 주는 용돈의 힘이 처음에는 미약할 수 있으나 아이가 성장함에 따라 그 힘도 계속해서 성장할 것이다.

  아이들이 용돈을 관리할 수 있는 힘만 있다면 해외 여러 나라의 여러 환경에 부딪쳐도 일본에서처럼, 블라디보스토크에서처럼만 한다면 뭐든지 척척 해낼 수 있는 독립된 인격체로 성장할 수 있다는 것이다. 아이가 어리다고 돈을 몰라도 된다고 생각하는 당신이라면 지금부터라도 사고를 바꾸자. 해외 여러 선진국 아이들은 우리나라보다 훨씬 어릴 때부터 돈을 알고 있으며 그 힘으로 강대국으로 성장하고 있다. 실리콘밸리의 유명한 구글이나 아마존에서의 위대한 창업자들을 보면 알 것이다. 우리나라 안에서만 우물 안 개구리로 아이를 키울 것인가? 세계의 여러 나라 속의 한 인격체로 키울 것인가? 아이의 그릇을 키워주어야 할 것이 아닌가? 진정 아이의 성공을 꿈꾸는 당신이라면…. 나는 그러한 엄마가 되기 위해 해외에서 아이들이 돈을 척척 알아서 계산하도록 계속해서 시키고 여행을 다닐 것이다.

08

마땅히 할 일을 하고 돈을 받아라!

우리집 아이들은 어릴 때부터 돈관리가 철저하다. 아무래도 어릴 때부터 주어진 일을 했을 때 용돈을 주고 관리하는 습관을 기르게 했다. 아이가 셋이니 집안일 자기 과제를 엄마인 내가 혼자 모든 일을 감당하기에는 힘에 겹다. 나는 워킹맘 13년차이다. 집안일, 회사일, 모든 일을 완벽하게 처리하는 슈퍼맘도 아니고 힘에 부치는 일은 적당히 분업화한다. 애들 학교 준비, 아침 준비는 거의 혼자서 하고 남편은 밤에 오면 저녁과 애들 숙제를 봐주곤 한다.

나는 바깥일을 주로 하다 보니 집안의 살림에 영 관심이 없는 것은 아니나 내가 할 수 없는 요리나 밑반찬은 시어머니나 친정어머니가 주변에서 많이 도와주어서 회사일에 집중을 할 수 있다. 요즘은 남편이 나보다는 요리에 더 관심이 많아 나름 편하다. 나는 집안일과 요리를 남자가 하는 것을 이상하게 생각하지 않는다. 남자만이 바깥일을 꼭 해야 된다고도 생각하지 않는다. 자기가 좋아하고 잘하는 것을 하면 되는 것이다.

평일은 자기 업무가 모두 바쁘니 주말에 밀린 집안일 청소 애들 과제들을 몰아서 봐준다. 아이들도 평일 계획표대로 일을 했을 때 용돈을 주는 만큼 집안일에도 나름 적극적이다. 남자아이 셋을 하루종일 따라 다니며 뒤치다꺼리를 하면 진이 다 빠진다. 그래서 어질러진 방, 자고 일어난 방 청소부터 시킨다. 쓸고 닦고 기본 습관이 중요하다. 일은 시작과 끝이 깨끗해야 하며 내가 책임지고 한 일은 내 선에서 끝내는 게 맞다. 아이들에게 책임감을 부여한다. 그러면 아이들이 일한 대가로 용돈을 받고 그 돈으로 자기들이 좋아하는 아이스크림이나 과자를 사먹거나 돈을 모아서 필요한 학용품을 사거나 한다.

이렇게 집안일을 해서 돈을 버는 방법과 그리고 한번씩 아파트나 학교 프리마켓에서 자기에게 필요없거나 중고물품들을 거래해서 아이들이 돈을 벌어올 때도 있다. 첫애는 참 조용하고 엄마 앞에서 보이는 모습과 바깥에서 보이는 모습이 다르다. 나는 전혀 모르는 모습을 본 주변 학교 친구엄마들이 그런다. "경록이가 장사를 참 잘하더라. 나중에 커서 사업을 시키면 되겠다." 아파트에서 하는 중고마켓에서 집에 오래된 인형들, 각종 카드들을 아이들이 가지고 나간 적이 있는데 그때 돈을 벌었다고 엄마한테 줬던 적이 있었다. 그때 장사를 해서 돈을 벌어 왔을 때 엄마들이 말한 내용이 기억이 났다.

또래 친구들보다 학교 수학은 못하더라도 나는 돈 공부를 어릴 때부터 시키는 것이 중요하다고 생각한다. 아이가 어느 정도 크면 독립도 해야하며 자기 나름대로 사회에서의 역할도 할 수 있어야 한다. 요즘 같은 100세 시대 우리 부부도 나름의 노후를 준비해야 하며 아이들도 외국처럼 19세가 되면 자기 앞가림하며 공부도 하고 일도 하며 자기 인생을 빠르게 깨달았으면 한다. 나이가 들어서도 부모와 함께 사는 캥거루족이 되는 것을 나는 원치 않는다. 서로에게 불이익이다. 뉴스나 주변에 이야기 들어 알지 않은가? 고학력 고스펙인 아들딸 자녀들이 독립도 안 하고 취업도 안 하고 집에서 노는 백수백조가 많다고.

얼마나 자기 인생을 소비하고 있는 것인가! 부모는 없는 경제력으로 뼈빠지게 공부시켜놓았더니 제대로 일도 안 하고 그 배운 능력을 활용도 못하고 있으니…. 그런 부모들은 자기 노후 준비도 못하고 자식에게 올

인하여 공부시켜 놓으면 남는 게 없다는 것이다. 그래서 더더욱 나는 아이들에게 너희들의 꿈이 뭔지 그리고 어떻게 삶을 살아가고 싶은지를 계속 묻는다. 자기가 그 인생을 찾아가는 것이다. 나는 어릴 적 지독히 가난한 환경이 나를 힘겹게도 했지만 오히려 지금에 와서 생각해보면 그 환경에 있어서 나를 혼자 살아가는 힘을 키울 수 있었다. 나처럼은 아니더라도 그보다 좋은 환경이지만 아이들이 그 절실함으로 항상 삶을 살았으면 한다.

"오늘 당신이 누리는 선물 같은 하루! 어제 죽은 이가 그렇게 살고 싶어한 하루이다."

아이들을 결혼 후 10년 동안 낳고 기를 때는 오로지 아이 키우고 일을 한다고 정신이 없었다. 그러나 어느 정도 연차가 쌓이고 아이가 어느 정도 크니 이제 나를 돌아볼 나이가 된 것이다. 사회생활을 20년 하다 보니 이제는 사람들의 모습, 말하는 내용만 들어도 그 사람이 어떤 사람인지를 알 수 있다. 그만큼 연륜이 된 것이다. 일은 내 삶이었다. 지독히 가난한 환경이 싫었지만 일은 항상 우선순위였다. 나는 일할 때만큼은 주어진 일을 책임감 있게 해낸다. 직장에서의 삶은 그랬다. 주어진 일을 하고 월급을 받고 그냥 하루하루만 살고 있다. 그래도 그 일이 있다는 것이 어떨 때는 행복할 수도 있다. 일은 한 만큼 보상을 해준다. 인생 대충 사는 일반인도 많고 젊으나 아까운 시간 허비하는 주변 어린 친구들을 보면 나는 저 나이때 삶이 참 절실히 하루 하루 일만 하면서 살았는데 참 인생 쉽게 산다는 생각을 많이 한다.

그리고 일한만큼 제대로 일을 하고 돈을 받아야 한다. 회사는 이윤을 목적으로 한다. 그 회사 안의 우리네 일반 직장인들은 회사에서 시키는 일만 하고 돈을 받으면 되는 것이다. 아이들에게 아직은 이 작은 가정에서의 돈에 대한 긍정적이 생각 돈의 가치를 알게하는 것 왜냐하면 돈을 좇아서는 살고자 하는 삶을 살지 못한다.

나는 항상 내가 하는 일에 집중했을 때 더 성과가 잘 났으며 거기에 대한 보상이 더 따라오는 것을 안다. 아이에게 그래서 자기가 힘들게 노력해서 돈을 벌었을 때와 그냥 주변에서 쉽게 돈을 주어서 돈이 들어왔을 때는 돈에 대한 가치가 다르다. 힘들게 번 돈은 내가 그만큼 고생을 해서 돈을 벌었기에 함부로 대하지 못한다. 그리고 우리가 길을 가다 쉽게 주은 돈은 쉽게 아무렇게나 쓰는 것처럼 내가 열심히 일해서 돈을 버는 그런 경험이 필요하다. 그래서 나는 아이들에게 매일 주말 아침 재활용을 했는지, 자기 방 청소를 했는지, 이불 정리를 잘했는지, 과제를 잘했는지, 양치를 잘했는지 등을 확인하고 기본 습관을 잘했을 때 보상을 줬다.

아이들에게 어릴 때부터 돈돈 거린다고 할 수 있다. 그러나 세상에 이미 정답이 나와 있지 않은가. 세계 상위 몇 %의 부를 이룬 사람들 중 유태인이 많고, 그 유태인 부모들은 어릴 때부터 이미 돈을 가르치고 우리나라 나이로 20세가 되면 이미 그 돈을 불려 자기의 자산을 만들어 조금 더 체계적이고 창의적인 사고로 발전 중이라는 것을 말이다.

나는 아이들이 돈만 좇아가는 삶도 원치 않는다. 그냥 아이가 하고싶은 일을 하면서 삶을 즐기면서 행복하게 살았으면 한다. 그 행복을 느끼는 정도는 사람들마다 다양하다. 그러나 어떤 일을 함에 있어 돈은 자본주의 사회에서 기본이며, 아이가 어떤 일을 찾고자 할 때 진정 제대로 일을 하고 대가를 바라는 아이가 되길 바란다. 일반 직장인이 되어 사회생활을 할 수도 있고 본인의 역량으로 창업을 해 성과를 낼 수도 있다. 한 번 사는 인생 대충 사는 삶이 아닌 내 안의 모든 에너지를 바칠 만큼 최선을 다해 역량을 끌어내어 돈을 버는 데 집중하길 바란다. 그리고 그렇게 번 돈으로 제대로 된 자기계발에 돈을 투자해 본인의 능력을 한발짝 더 앞서게 하길 바란다.

어떤 일을 함에 있어 돈을 쓴다는 것은 제대로 된 가치를 배우게 되는 기회가 된다. 책에도 있지 않은가! '배움을 돈으로 바꾸는 기술.' 세상을 살아가면서 배움에 대한 욕구는 끝이 없다. 일정 금액을 주고 배우게 되는 이유이다. 이렇게 절실히 해서 돈을 벌고 또 그 번 돈으로 나를 위해 더 배우고 그 배운 기술로 또 돈으로 교환할 시스템을 계속해서 할 수 있다면 아이는 조금 더 삶에 대해 여유롭고 한편으로 경제적 자유, 시간적 자유를 누리고 살 수 있을 것이다. 그래서 마땅히 할 일을 하고 돈을 받아야 되는 이유이다.

4장

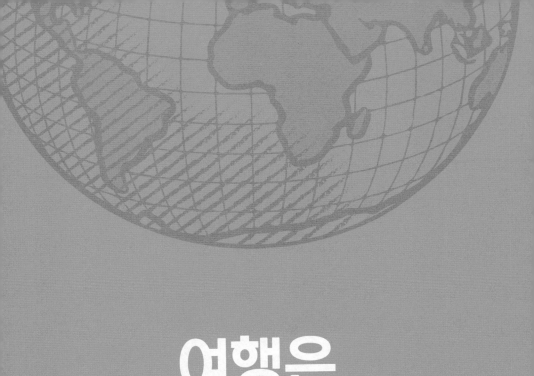

여행은
마법이다

01

여기가 겨울왕국!

'블라디보스토크에 여행 가고 싶다!'라고 생각을 하고 정했을 때 나는 이 여행지에서 바라는 것은 오로지 눈을 보고 싶어 택했던 여행지이다. 여행을 좋아하다 보니 TV를 잘 보지는 않지만 굳이 시간을 내서 본다면 프로그램도 여행 프로그램을 주로 본다. 어느 날 TV를 보다 " 한끼줍쇼" 라고 하는 프로그램을 보게 되었다. 이 프로그램은 집집마다 찾아다니며 실제 사는 사람들에게 밥 한끼를 얻어먹으며 이런 저런 세상 얘기들을 나누는 것이다. 실제 집밥처럼 한끼를 일반 연예인들과 함께 먹는다. 매번 우리나라 지역별로 나왔었는데 그날은 외국 특집 기념으로 블라디보스토크를 방문하는 내용이었다. TV에 나오는 아르바트 거리의 유럽식 화려한 건축물과 한가롭고 평화로워 보이는 분수대에서 흐르는 물줄기…. 그리고 이쁘고 먹음직스러운 디저트! 나는 이러한 커피 한 잔과 맛있는 디저트를 진정 좋아한다. 그 시간을 사랑한다. 경치 좋은 곳에서 한가로이 내가 좋아하는 노래를 듣고 책을 보고 경치를 감상하고 여력만 되면 그림도 그리며…. 그렇게 예술적인 감성으로 내 인생을 보내고 싶다. 그리고 오로지 눈으로 온 세상이 가득한 겨울을 보고 싶었다.

공항에 내리자마자 접한 블라디보스토크의 하늘과 땅은 온통 하얗다. 너무 이쁘다. 내가 진정 바라는 여행지이다. 사실 부산에서 이렇게 온 세상이 하얀 눈을 보기는 1년에 한번 있을까 말까다. 이번 여행을 준비하면서 걱정되었던 것은 영하 19도라는 날씨이다. 나는 괜찮지만, 아이들과 함께 가는 여행인 만큼 각별히 건강과 컨디션에 신경을 써야 한다. 그래서 방한복과 모자, 부츠, 핫팩, 보온내복, 목도리 등 추위를 견딜 수 있는 준비물을 꼼꼼히 하나씩 하나씩 준비했다. 그러나 여행을 가본 사람은 안다. 그리고 나는 매번 느낀다. 여행을 갔을 때는 그러한 걱정들이 부질없다는 것을! 날씨는 생각만큼 춥지 않았고 사람 사는 곳이 다 똑같은 곳이라 적응을 하면 되는 것이라는 것을! 또한 블라디보스토크 여행을 준비하면서 입국심사가 까다롭다고 하지만 그 말이 무색할 정도로 입국심사가 금방 끝났다. 이처럼 여행은 모르기 때문에 처음 겪는 그 느낌을 두려움이 아닌 설렘으로 받아들이고 재미와 기쁨으로 받아들여 언제나 여행은 신나는 것이라고 느낀다.

첫째 날의 여행 여정을 무사히 보내고 둘째 날 아침의 하루가 밝았다. 블라디보스토크의 창밖의 풍경은 우리나라에서 보는 풍경과 건물 모습은 다르지 않으나 건물 위에 쌓인 눈과 길거리의 눈, 앙상한 가지 나무들이 진짜 한겨울속으로 내가 들어간 듯한 느낌을 준다. 온통 주변에 숲으로 가득한 눈의 세상에 오로지 혼자 있는 듯한 느낌…. 나는 이 조용한 아침의 시간을 진정 좋아한다. 여행에서의 아침은 더욱 행복한 시간으로 다가온다.

나는 새벽에 일어난다. 매일 이 조용한 오로지 나만의 시간에 명상하고 감사일기를 적고 독서를 하는 시간을 평소에도 갖고 있다. 이 시간을 사랑한다. 워킹맘 10년차라 일과 아이의 육아로만 오로지 인생을 보내는 것을 나는 원하지 않는다. 나는 내 시간을 만들어 나를 가꾸는 삶. 나의 미래를 위한 삶을 준비하고 그리고 꿈꾼다. 진정 내가 하고 싶은 것을 하고 살고 싶은 꿈!

내 안의 나를 오로지 느낀다. 아침에 여행 와서 감사일기로 글을 적는다. 나는 어디를 가나 다이어리를 들고 다닌다. 좋은 내용을 메모를 하며 책을 읽을 때 글귀나 내용을 적는다. 다른 나라의 아침 풍경속에 풍덩 빠진 나는 정말로 행복함을 느낀다. 이것이 내가 여행을 가는 이유이다. 여행에서는 내 안의 나를 더 볼 수 있는 이유이기도 하다. 아이들이 깨기 전인 세상 조용한 나만의 시간…. 나만의 세상….

아이들이 하나둘씩 깨기 시작한다. 호텔 조식으로 즐겁게 하루를 시작했다. 블라디보스토크의 음식은 주로 빵과 야채 고기, 햄 등이나 여기는 한국 관광객이 있어서인지 밥도 있었다. 호텔 서빙하는 친절한 소녀가 마냥 귀엽다. 이쁘다. 순수하게 다가온다. 그동안 여행을 간 나라는 주로 동남아였지만 여기는 모습부터가 다른 진짜 코쟁이 외국인 같다. 어릴 때 보던 빨강머리 앤이 그 발랄함과 천진함으로 다가오는 그 해맑은 소녀가 사랑스럽게 보인다. 말을 걸고 싶다. "유 뷰티플!" 아름답다고…. 그러나 눈인사로만 말을 한다. 다소 무뚝뚝해 보이는 그래도 낯선 나라의 소녀….

그렇게 오늘은 오전 반나절 여행사를 통해 신청한 선택 관광 일정을 하기로 했다. 아이들에게 블라디보스토크의 나라를 알려면 그 나라에 오랫동안 살고 있으면서 경험이 많은 가이드의 설명이 있어야 되지 않겠는가! 자유여행과 패키지여행과의 차이점을 들자면 패키지여행은 가이드에게 그 나라의 문화생활 방식과 환경에 따른 가치관 등에 대해 설명을 들을 수 있다는 것이다. 일본에서 만난 가이드도 그랬고, 대만에서 만난 가이드도 항상 그 나라의 현지인 여성분들이 많았다. 그 나라의 문화를 제일 잘 알고 잘 접하고 있으니 모르는 것을 물어보면 많은 것을 알려 준다. 블라디보스토크에서 만난 현지 가이드는 50대 초반의 나이가 조금 있으신 마음 넉넉하고 친절한 분이셨다. 블라디보스토크 역 앞의 광장에서 만난 우리는 그 나라의 혁명가의 동상과 시베리아 횡단열차의 시발점이자 종착역인 역을 배경으로 설명을 듣고 혁명광장으로 이동을 했다. 여행 오기 전 영하 19도에 대한 날씨가 무색할 정도로 견딜 만하다. 아이들도 그렇게 춥다고 하지 않는다. 우리나라와 다른 러시아 사람들의 두툼한 외투와 모델처럼 쭉쭉 뻗은 큰 키의 외국인들이 마냥 신기하다. 이곳이 진정 러시아구나! 추운 시베리아 벌판을 떠올릴 만큼 광활한 대륙의 나라! 다음에는 시베리아 횡단 열차를 꼭 한번 타보고 싶었다. 장장 6박 7일이나 소요되고 9,288km 거리에 총 146시간이 걸리는 시베리아 횡단열차를!

아이들과 블라디보스토크의 심장부인 혁명광장에 도착을 했다. 다채로운 행사가 진행되는 블라디보스토크의 중심부로, 한겨울을 제외하고 매주, 금, 토일마다 시장이 열린다. 중앙광장 앞을 지나가는 스베뜰란스까야 거리는 블라디보스토크의 중추적 역할을 한다. 이 길을 쭉 따라가면 혁명광장, 100년 역사를 자랑하는 굼백화점, 해국제독 광장, 서커스장 등 주요 관광지를 만날 수 있다.

혁명광장

    아이들과 혁명광장에 도착했을 때 그 광활한 얼음 위의 땅이 눈에 들어왔다. 1월의 블라디보스토크는 다채로운 얼음행사로 광장을 꾸며놓았다. 아이들이 좋아할 만한 과연 겨울다운 겨울왕국 컨셉의 대형 캐릭터가 눈에 들어온다. 아이들은 이미 첫날 눈 속에 파묻히는 신기한 경험들을 하고 있음에 이제 이 겨울 세상이 익숙하다. 아이들을 위해서 얼음 미끄럼틀을 탈 수 있는 긴 트랙을 만들어 놓았다. 마치 테트리스의 성처럼 생긴 빠끄롭스키 정교회 사원을 멀리서 보며 형상이 비슷하게 꾸며놓았다. 어디서 박스 하나를 가져오더니 아이들이 신나게 얼음 미끄럼틀을 탄다. 너무나 재밌어 보인다. 신이 난다. 환호성을 지른다. 몇 번을 뛰어다니면서 잘논다. 아침 시간이라 우리밖에 없었는데. 이후 시간이 지나자 어린아이가 있는 부부들을 비롯해서 사람들이 점점 많아졌다. 러시아 아이들과 미끄럼틀도 한 명씩 돌아가며 타는 모습이 재미있어 보인다. 아이들은 정말 순수하게 그 시간을 즐긴다. 여기가 낯선 블라디보스토크라는 한겨울 중의 한겨울이란 사실도 잊은 채…. 아침에 핸드폰 날씨를 보면서 영하 19도란 표시가 이제 신기하지가 않다. 우리는 서서히 블라디보스토크 속으로 들어가고 있었다.

2박 3일 짧게 간 일정이라 마지막 날 숙소 주변을 아침부터 좀 걷고 싶었다. 온통 눈세상인 아침. 주변 강을 따라 걷고 한번씩 오가는 러시아 노부인의 밍크 코트와 단정히 화장을 한 온화한 모습이 왠지 여유로워 보인다. 둘째아이가 따라 나선다고 한다. 나는 어느 곳을 가든 그 나라의 삶을 보고 싶어 한다. 쭉 길을 따라 무작정 걸으면서 건물, 나무, 사람들을 본다. 그 나라 사람들의 집 창문을 보면서 느낀다. 여기도 다 사람 사는 곳이구나! 다만 그 나라의 날씨나 환경에 의해 여기는 이러한 문화가 형성되었구나! 가령 여기 러시아는 추운 겨울 나라이니 아파트 같은 주택 안에 스케이트장 같은 얼음 벌판을 아이들을 위해 놀 수 있게 만들어 놓았다. 이 겨울에 할 수 있는 겨울 스포츠를 많이 할 것이기 때문이다. 대만을 여행했을 때와는 또 다른 문화이다. 대만에서의 주택들은 그 동네마다 차이가 있겠지만 집들이 오밀조밀 연계된 느낌. 일본처럼 신사 같은 왠지 조금 무서울 것 같은 사당 같은 곳…. 일본은 왠지 정갈하고 깨끗한 단독주택…. 내가 오랫동안 보지 않고 우리네 여행객들은 잠깐 며칠을 보고 판단하기는 그렇지만 느낌으로 알게 된다.

블라디보스토크의 겨울은 나와 아이에겐 평생에 잊지못할 소중한 추억을 선물해주었다. 자연의 힘으로 주신 온통 눈덮인 세상을 나는 아이와의 여행으로 느낄 수 있음에 감사하다. 또한 남편에게도 감사하다. 우리가 이렇게 여행을 할 수 있는 것도 남편의 사랑이 있음에 우리가 편안히 여행을 하고 있는 것임을 안다. 이 나라 처음 온 나라이지만 너무나 처음부터 나의 마음을 설레게 한 블라디보스토크의 겨울은 나와 아이들에겐 하나의 얼음궁전에 온 것 같은 왕국이다. 진짜 겨울 속의 왕국으로 우리가 들어온 느낌. 나는 다른 계절의 블라디보스토크도 아름다울 거라 생각한다. 그러나 나는 오로지 이 한겨울 중에 더 혹독한 겨울을 다시 한 번 느껴보고 싶다.

여행을 할 때 그곳을 속속들이 꼼꼼히 다 보고 오지 않는 이유이다. 내가 갈 수 있는 여지를 줘야 또 가고 싶게 될 것임을 알기에….

02

세계 여러 나라 아이들과 할로윈 파티

　우리 부부는 매년 가을 휴가를 간다. 남편이 여름에 바쁘다 보니 나의 연차휴가도 거의 가을에 맞추어서 여행을 같이 간다. 그것도 길지 않게 금요일 하루만 10월과 11월에 주니 거의 2박3일, 그 날짜에 짧은 여행밖에 못 간다. 그래서 남편이 일정이 안 될 때는 나 혼자 아이들을 데리고 간다. 매년 가을 휴가를 갈 때 아이들과 같이 갈 때도 있고 아니면 잠깐 일본을 갔다 올 때면 아이들은 시부모님께 잠시 케어해주시면 가까운 일본으로 자주 갔다오곤 했다. 이렇게 해외여행을 가기 전부터 그때는 온 가족이 대가족으로 가을 휴가를 이미 국내를 다양하게 다녀온 터라 이렇게 해외여행을 갈 때면 부모님들은 먼저 해외여행을 보내준 다음이라 마음 편하게 갈 수 있다. 매년 찬바람 부는 가을에 여행을 가니 10월에 자주 간 일본에서는 항상 할로윈데이 행사를 많이 홍보를 했었다. 우리나라는 이러한 서양 문화에 대해서 그렇게 홍보하지 않는데 비해 일본에서는 거리에도 할로윈 마케팅도 많이 하고 호박 무늬가 곳곳에 잘 보인다. 내가 이맘때 매번 놀러오니 그렇게 일본의 할로윈데이 느낌을 많이 받았기 때문이다.

할로윈파티

할로윈(Halloween)은 매년 10월 31일, 그리스도교 축일인 만성절(萬聖節) 전날 미국 전역에서 다양한 복장을 갖춰 입고 벌이는 축제다. 본래

할로윈은 켈트인의 전통 축제 '사윈'(Samhain)에서 기원한 것으로 알려져 있다. 켈트 족은 한 해의 마지막 날이 되면 음식을 마련해 죽음의 신에게 제의를 올림으로써 죽은 이들의 혼을 달래고 악령을 쫓았다. 이때 악령들이 해를 끼칠까 두려워한 사람들이 자신을 같은 악령으로 착각하도록 기괴한 모습으로 꾸미는 풍습이 있었는데, 이것이 할로윈 분장 문화의 원형이 됐다고 전해진다. 우리가 외국 영화에서 보면 귀여운 아기들이 귀신 분장을 하고 집집마다 벨을 누르고 사탕을 받아가는 장면이 떠오른다. 그냥 외국 문화의 하나의 이벤트이나 나는 이렇게 재미난 이벤트로 인해서 세계 사람들이 하나의 축제의 느낌을 같이 받고 그날 하루를 즐기는 문화는 좋은 것 같다.

오전 내내 아이들이 물놀이를 하고 놀았다. 잠깐 간식을 먹고 저녁 물놀이를 하러 간다고 한다. 야간 수영도 잘할 수 있게 되어 있고 아이들이 간다고 해도 안전을 지켜주는 직원들이 많아서 그러라고 했다. 엄마랑 나는 숙소에서 조금 쉬다가 우리는 야간에 괌의 밤하늘을 보며 맥주나 한잔하고 나갔다. 아이들이 아니다 다를까 신나게 물놀이를 하고 있다.

우리 아이들은 엄마가 일을 해서 그런가 자기들끼리 잘 논다. 형제가 많은 것이 이럴 때는 편하다. 주변에 하나 아이 키우는 엄마들은 아이가 어릴 때부터 형제가 없으니 엄마가 놀아주어야 한다. 키울 때는 힘들어도 좀 키워놓으면 자기들끼리 친구가 되어 엄마가 없어도 잘 논다. 다만 나이 차이가 얼마나 나느냐와 이성간의 형제는 또 다른 별개의 문제이다. 나이 차이가 너무 나면 보통 큰아이가 아이들 거의 키우다시피 하니 친구라기보다 거의 보모 수준으로 형이나 누나를 동생들은 바라본다. 이때는 형제라기보다 거의 부모를 대신해서 아이들을 케어하게 된다. 9등이 형제나 주변에 나이 차가 많은 첫째와 막내를 보면 그렇다. 우리 사촌 아이들은 연년생 남매이나 그렇게 또 싸우는 걸 보면 아이들마다 성향이 다 다른 것 같다. 다행히 비슷한 나이로 삼형제를 낳고 기르다 보니 자기들끼리 협력해서 일을 잘 만들고 잘 해결하고 한다.

블라디보스토크에서 아이들과 해양공원에서 놀 때 내가 잠깐 먹을 것과 물을 사러 간 적이 있었다. 아이들이 얼어붙은 바다 위에서 얼음 깨기 놀이를 한창 하고 있었다. 놀이에 빠진 아이들이 재미나게 얼음과 놀고, 나는 그 넓은 얼음 바다와 비둘기. 사람들 앞에서 바이올린 선율로 노래를 선물하는 거리 악사의 음악을 들으며 경치를 감상했다. 아이들이 엄마가 눈에 보이니 낯선 나라에서도 잘 논다. 그러다가 내가 물을 사러 갔다 온다고 너희들끼리 놀고 있으라고 했다. 우리 아이들은 낯선 외국에서도 엄마가 물을 사러 갔다 온다는 것을 알기에 자기들끼리 잘 논다. 어떻게 보면 낯선 나라에서 자기들끼리 있는 것이다. 패키지여행도 아니고 엄마와 자유여행을 왔다. 낯선 외국인들 사이에 자기들 끼리 노는 것이다. 애착관계가 이럴 때 중요하다고 느낀다. 처음 아이를 어린이집에 맡길 때 엄마와 애착이 잘되어 있는 아이는 엄마가 없어도 자기들끼리 잘 논다. 엄마가 아이를 믿어주는 것이 중요하다. 엄마에게 받는 그 신뢰감 덕분에 다른 선생님이나 보모의 보살핌을 받을 때도 불안하지가 않다. 그렇지 않은 아이들은 엄마가 눈에 안 보이면 불안해한다. 그래서 어린이집에서도 우리 아이 셋은 별 탈 없이 적응을 잘했다. 어린이집 원장님과도 거의 13년을 애 셋을 다 키워주셨으니 참 감사하다. 내가 13년 워킹맘을 하면서 한곳을 10년 이상 아이 셋을 모두 한곳에 보냈던 곳이다. 나는 아이가 어릴 때는 무조건 뛰어놀아야 한다고 생각한다. 생태 위주의 교육관과 공부보다 숲체험 자연적인 학습관이 나와 비슷한 원장님이라 그렇게 오랫동안 우리 아이 셋을 잘 보살펴주셨다 내가 13년 워킹맘을 하면서 주변에 이런 도움이 되는 원장님 같은 사람들이 있었기에 나는 여기까지 올 수 있었다. 참 감사한 일이다.

아이들과 괌 여행에서의 PIC리조트에서는 아이들 물놀이 행사의 일환으로 야밤에 할로윈파티 문화가 있었다. 리조트 관계자들이 스파이더맨, 슈퍼맨, 원더우먼, 다양한 캐릭터 분장을 해서 영어 음악을 틀어주면서 영어로 퀴즈를 풀면 달콤한 사탕과 가족 이벤트 선물을 주었다. 아이들은 수영복을 입고 있으니 따로 할로윈 분장을 안 했어도 외국인 친구들과 다양한 게임과 이벤트로 괌의 놀이에 빠지고 있었다. 여러 게임을 해서 잘하거나 이기는 아이들에게 쿠폰 같은 동전들을 나눠주고 나중에 제일 많이 가진 이가 선물을 많이 가지고 갈 수 있었다. 칙칙폭폭 기차놀이처럼 서로 다른 나라의 아이들과 삼삼오오 모여서 꼬리잡기 게임을 하고, 우리나라 게임 중에 '즐겁게 춤을 추다가 그대로 멈춰랏' 이런 식으로 하는 게임도 하는데 아이들이 어찌나 신나게 폴짝폴짝 뛰는지 참 신나보인다. 이벤트 관계자들이 영어로 말해도 아이들은 손짓이나 몸짓으로만 아이는 느끼고 따라하고 있다. 언어가 필요없다. 얼굴색이 달라도 된다. 우리는 지구상의 가장 행복한 아이가 된다. 아이가 진정 아이다울 때이다. 마냥 세상이 행복한 것으로 가득하다는 것을 알 때이다.

아이들이 보이지 않아 소리가 크게 들리는 곳으로 와보니 이렇게 아이들이 잘 놀고 있었다. 낯선 외국인들과 말이 통하지 않아도 몸으로, 눈으로, 마음으로 직접 부딪히며 아이가 진정 즐기는 모습을 본 엄마들은 아이들이 무척 행복해하고 있구나! 사랑스럽구나! 그럼 엄마는 더 행복한 이유이다. 아이에게 이러한 행복한 일상을 더 많이 보여주고 싶구나! 살아가면서 외국도 한번 못 가본 세상의 아이들이 얼마나 많은가! 또 못 먹고 아픈 아이가 지구상에 얼마나 죽어가고 있는가! 우리 아이들은 나에게로 와서 축복받은 아이들이라고 느꼈으면 좋겠다. 우리 엄마를 만나게 행운이라고 말해주고 싶다. 나중에 아이가 커서 각종 사건 사고와 부정부패가 난무하는 험난한 세상 속으로 가야될 아이의 앞날에 오늘의 행복한 웃음과 엄마와 형과 동생 삼형제의 끈끈한 정과 괌의 밤하늘과 세계의 여러 아이들과 할로윈파티를 즐겼던 그때의 웃음을 기억하라고 하고 싶다.

엄마는 그런 아이들에게 해맑은 웃음을 언제나 주고 싶다.
"우리 삼형제 아이들아, 엄마가 사랑하는 나의 보석 같은 우리 아이들! 엄마가 많이 사랑해!"

03

바닷속에서 진짜 새끼 상어를 봤어

　괌의 북부 하이라이트 바다인 리티디안비치 해변과 마보동굴, 클리프
사이드를 하루 선택 관광으로 신청했다. 투어를 신청하면 전용차량이 데
리러 오고 데려다 주기 때문에 안심하고 관광을 편하게 할 수 있다. 우리
는 가족이 5명이라 개인 리무진 같은 택시보다 큰 차량으로 이동할 수 있
었다. 괌에서는 렌트를 안 하면 여행하기 쉽지 않지만 운전이 서툰 사람
들에게는 택시 투어를 선택해도 만족도가 높다. 자유로운 일정은 렌트가
편하지만 괜히 모르는 나라에서 위험을 감수하면서 렌트까지 할 필요가
없다.

마보동굴

　아이들과 한참을 달려 도착한 곳은 숲속의 조금 외진 곳이다. 이미 다른 선택 관광객이 많은 터라 차량이 여러 대 주차돼 있었다. 우리는 차에서 내려 일행을 따라 숲속 길을 따라서 걷기 시작했다. 친정엄마도 걷기 편할 만큼 평탄한 길이었다. 그러나 땅에 물기가 많아서 그런지 질퍽질퍽한 진흙이 많았다. 대부분 리티디안바다로 가기 위해 아침부터 입고 나온 수영복 차림으로 아쿠아 슈즈를 신고 가야 한다. 길은 차들이 지나다니고 진흙탕 길이다 보니 조금 걷기가 불편하지만 나름 걸을 만하다.

　드디어 도착한 곳이 마보동굴이다. 태평양전쟁 전후로 일본과 미군이 여기서 담수를 길어 왔다는 동굴이다. 석회암동굴은 사이판의 블루 그롯에 비하면 아주 작은 규모였지만 우리 패키지 일행과 엄마와 나 아이 셋은 줄줄이 동굴 아래로 조심히 내려갔다. 내려가면서 보는 물색깔이 에메랄드 빛이다. 색깔이 예뻐서 물에 풍덩 수영하고 싶지만 왠지 동굴 속이라 뭔가 음침하다. 박쥐가 나올 것 같다. 밖은 더우나 여기 안은 약간 서늘하기까지 하다.

인솔한 가이드는 여행사와 연계된 한국사람이었다. 현지인처럼 아주 이 곳을 잘 아는 남자, 청년 같으나 또 아닌 새까만 아저씨 같은 분이 차량에서 내릴 때부터 우리를 인솔해주었다. 마보동굴은 꽤 깊어 보였다. 가이드는 물에 발을 담구어 보라고 하고 수영해도 된다고 하나 같이 간 일행들은 다들 조용하다. 동굴에서 이것저것 보면서 30분가량 구경하고 체험하면서 다시 근처 클리프사이드로 이동했다. 괌은 날씨에 따라 바다 색이 다르고 느낌도 다르다. 우리가 간 날은 바람이 엄청 불고 구름이 잔뜩 낀 날이었다. 몇 분쯤 지났을까! 드디어 클리프사이드가 눈에 들어온다. 과히 괌답다. 푸른 바다색과 에메랄드 색깔과 어우러진 바다와 해안 절벽. 파도가 부서져라 부딪히는 바위의 위엄이 굉장하다.

우리는 멋진 배경으로 사진도 찍고 드넓은 바다를 바라보았다. 그 사이 가이드가 바다를 가리키며 "어, 새끼 상어다."라고 외쳤다. 가이드가 손짓하는 곳을 바라보니 진짜 아쿠아 수족관에서 봄직한 새끼 상어가 유유히 헤엄을 치고 다닌다. 아이들에게 빨리 보라고 했다. 그러나 새끼 상어를 잠깐 보고 있는데 파도가 세다 보니 금방 사라져 버렸다. 이 근처에는 고래가 보인다고도 하니 진짜 자연이 그대로 살아 있는 듯하다. 외진 곳이라 렌트카를 가지고 온 분들은 필히 차에 귀중품을 놔두지 않고 다녀야겠다. 경찰이 순찰을 돌 정도로 치안이 걱정되는 곳이기도 하다.

조금 더 달려간 곳은 괌의 북부의 하이라이트 리티디안해변이다. 개인사유지다 보니 입장료를 받는 곳이다. 이미 준비되어 있는 스노클링과 해안 체험 용품이 있다. 아이들은 숙소에서 준비해간 모래놀이 용품과 스노클링으로 이미 재미있는 시간을 보내고 있다. 숙소 앞도 괜찮은 바다이지만 여기 해변은 정말 더 외지고 오로지 바다와 하늘만이 푸르름을 누가누가 잘났나 뽐내는 듯하다. 엄마와 베드에 누워 바다를 바라본다. 그동안 고생한 엄마의 시름이 놓아졌으면 좋겠다. 나는 따로 심해 바닷속 스노클링을 했다. 거기는 얕은 곳이 아니라 완전 깊은 곳이다. 나는 호기심이 많은 엄마라 하고 싶다고 하니 가고 싶은 사람은 별도로 특별한 심해 체험으로 다년간 숙련된 안전요원의 지도로 그 넓은 바다를 볼 수 있었다. 깊고 깊은 괌의 바다를 느껴본다. 우리가 겉으로 보이는 바다는 예쁜 물 색깔과 평온함을 준다면 바닷속 내면에는 엄마 품속처럼 뭔가 고귀하고 신비스러운 품격이 있는 것 같다.

그렇게 리티디안의 바다를 우리는 가슴속에….

그리고 머릿속에 파란파란 하늘을…. 마음 속에….

담고 왔다….

04

차원이 다른 러시아산 킹크랩!
제대로 즐기기

　블라디보스토크를 찾는 사람들 중 미식의 즐거움을 찾아서 오는 관광객이 있을 정도로 여기는 우리나라보다 춥고 윗지방이라 그 지형에 맞는 해산물을 풍부하게 먹을 수 있다. 단연코 많이 먹으며 즐겨 찾는 것은 우리나라보다 저렴한 킹크랩, 곰새우, 독도새우 등이 그것이다. 나는 그렇게 해산물을 좋아하지 않지만, 여기 여행 와서 보니 사람들이 우리나라보다 저렴하고 맛있는 음식으로 추천을 해주어서 즐기게 되었다. 블라디보스토크에서 꼭 먹어봐야 할 음식 5가지 있다. 첫째는 러시아 전통 꼬치구이 샤슬릭, 그리고 둘째가 입에서 살살 녹는 킹크랩, 셋째는 고소함과 쫄깃함의 조화 곰새우, 넷째는 가격과 맛이 최고인 샤우르마, 다섯째가 탄성이 절로 나오는 장인버거라고 하는 수제버거이다. 이중에서 우리는 식당 예약시간도 안 맞고 기다리는 시간도 모자라서 일정이 되는 곳만 찾아서 킹크랩과 곰새우, 수제버거만 먹었다. 짧은 일정에 아이들을 모두 데리고 움직이기가 힘들기 때문에 한 군데 제대로 된 곳에서 맛있는 킹크랩을 먹기로 했다.

나는 여행을 간다는 것에 초점을 두어서 맛집을 일일이 찾아서 먹으러 가진 않는다. 여행은 시간이 금인데 맛집은 줄을 서서 먹어야 하는 곳이라면 더더욱 그 시간이 아깝기 때문이다. 그래서 여행에서는 특별히 맛집이라고해서 나는 막 찾아서 가지 않고 그냥 그 나라의 음식점이라고 하면 한두 군데 눈여겨 보다가 가곤 한다. 대만으로 여행을 갔을 때가 생각이 난다. 대만에서 맛집이라고 만두집을 찾은 때가 있었다. 비슷한 곳도 있으나 꼭 그 집을 찾기 위해 다른 많은 여행에서의 행복을 포기하고 갈 필요는 없는 것 같다.

친구랑 만두집 찾는다고 조금 고생을 했다. 나랑 생각이 다른 사람도 있을 것이다. 여행을 온 것은 맛집에서 맛있게 먹고 인증샷도 올리고 해야 되는데 말이다. 그러나 나는 맛집만을 위해 내가 여행의 모든 시간을 투자하지 않는다는 것을 말하고 싶다. 나는 시간이 우선인 사람이기 때문이다.

여행 첫날 저녁을 먹기 위해 주변 레스토랑을 찾았다. 그러나 피자집 같은 빵집은 있으나 정작 그 나라의 정서를 느낄 수 있는 식당은 없었다. 같이 온 여행사 일행들한테 물어보니 킹크랩과 곰새우 이런 해산물을 시키면 배달도 다 해준다고 한다. 일행이 미리 봐둔 사이트로 연결을 시도하였다. 그런데 사이트 연결도 안 되고 전화도 안 된다. 그래서 첫날부터 해산물 먹기는 포기를 하고 근처 마트에서 대충 먹을 것만 사와서 첫날을 보내었다. 제대로 된 식당을 찾아서 가서 먹게 된 곳은 두 번째날 선택 일정 후 저녁으로 블라디보스토크 내에서는 킹크랩 가격은 가장 높은 "주마"라는 아시아 퓨전 레스토랑으로 갔다.

사실 블라디보스토크로 여행을 갈 때는 아이들이랑 같이 가니 어떻게 가는지, 입국심사, 교통, 물가, 날씨, 유심충전 등 굵직굵직한 것만 생각을 하고 가다 보니 이렇게 맛집 검색은 미리 다하지 못하고 간다. 여기도 같이 여행 온 여행사 일행들이 여기가 맛집이라고 해서 알았다. 갔다 와서 조회해보니 여기 식당은 16세기 말레이시아 요리사의 이름을 따 만들었다고 한다. 화려한 인테리어와 한국인의 입맛에 맞는 다양한 요리로 방송에 소개되어 유명 해진 후, 외국인에게는 10%의 서비스 부가세를 받는다. 아이들과 셋이서 킹크랩과 같이 먹을 음식 2개 정도 시켜서 먹었다. 러시아 문화 중에 식당에 와서 음식을 먹기 전 외투를 보관해주는 문화가 있었다. 이것은 공연관람을 할 때도 옷보관을 먼저 하고 번호키를 받고 관람을 할 수 있다. 아무래도 겨울이라 옷무게가 있어서 그런지, 아무튼 옷을 보관해주고 나갈 때 키를 주면 찾아갈 수 있다. 우리나라와는 색다른 문화이다. 킹크랩도 싱싱하고 그 자리에서 바로 쪄서 나왔다. 아이들이 맛있다고 한다. 엄마 눈에는 다 귀엽다. 그리고 아이들이 말을 한다. "엄마! 우리 부자 된 것 같애!" 고급 음식점에서 제대로 대접받고 음식을 먹으니 그렇게 느끼는 것 같았다.

내가 아이에게 항상 강조하는 게 이런 것이다. 아낄 때 아끼고 누릴 때 누려야 된다는 것. 그래야 행복한 삶을 살아갈 수 있다. 평소에 불필요한 낭비 없이 계획된 소비를 하고 그렇게 저축하고 아낀 돈으로 제대로 된 배움에 투자를 하거나 내가 하고 싶은 여행을 와서 내가 행복한 곳에 돈을 쓰는 것이다.

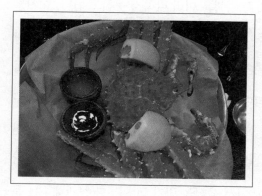

킹크랩

블라디보스토크 킹크랩은 매우 크고 살이 오동통하게 차 있으며 맛도 일품이다. 대부분 러시아 불곰으로도 유명한 캄차카 지역산이다. 배가 단단하고 살이 꽉 찬 것이 비린내도 없고 식감이 탱글탱글하다. 국내에서는 상당히 비싸지만 블라디보스토크에서는 반값도 안 되는 가격에 맛볼 수 있다. 일반 레스토랑에서는 1kg당 2,000루블 내외이며 킹크랩 축제 기간에는 900루블 정도이다. 같은 무게라면 크기가 작은 킹크랩 두 마리보다는 크기가 큰 한 마리가 살도 많고 좋다.

블라디보스토크에서 킹크랩은 곰새우보다 저렴해 라면에 넣고 끓여 먹어도 부담이 없을 정도다. 아이들도 마트 수족관에 들어가 있는 킹크랩만 보다가 실제 큰 킹크랩을 보고 싱싱하게 조리된 음식들을 보면서 엄마 킹크랩이 완전 커! 하면서 자기 손을 대면서 비교한다. 그리고 사진을 찍으면서 아빠한테 카톡으로 자랑을 한다. 또한 곰새우도 킹크랩 못지않게 맛있다. 블라디보스토크의 명물 곰새우는 러시아어 단어 곰(메드베찌)과 새우(끄리베뜨까)의 합성어다.

외양은 시베리아 야생 불곰처럼 사납게 생겼는데 속을 열어보면 일반 새우와 흡사하고, 쫄깃한 식감은 랍스터와 비슷하다. 껍질은 일반 새우에 비해 거칠고 단단해 반으로 뚝 부러뜨려 쉽게 깔 수 있다. 클수록 비싸고 살이 많다. 일반 레스토랑에서도 비싼 메뉴에 속하며 전통시장에서 구매하는 게 가장 저렴하다.

아이들과 낮에 레스토랑에서 먹고 나서 배부르게 못 먹어서 그런지 아이들이 숙소에 가서도 더 먹고 싶다고 한다. 그래, 우리나라보다 저렴하니 이왕 온 김에 실컷 먹어보자고 하고 여행사 가이드한테 주문을 부탁했다. 숙소가 시내가 아니라 조금 외진 곳이라 우리 운전해주던 가이드가 킹크랩과 곰새우, 독도새우 섞어서 가져왔다. 아이들은 낮에는 그 레스토랑의 분위기와 고급진 킹크랩을 먹었다면 이제는 우리집에서 통닭 시켜먹듯 먹었다. 킹크랩을 배달해준다니 신기하다. 다소 질긴 느낌은 조금 있지만 라면과 함께하니 더욱 맛있다. 먹고 싶어하던 아이들은 이내 조금만 손을 대고 만다. 아이들은 그렇다. 조금 먹고 싶어 하다가도 먹다 보면 다 먹었다고 손을 뗀다. 이놈들 아까운 줄도 모르고…. 다음날 아침까지 해서 먹기는 다 먹었다. 아이 얼굴보다 큰 킹크랩을 보면서 아이들은 마냥 신기해했다. 여행 갔다와서도 아빠한테 조잘 조잘 자랑까지 하는 걸 보면 신기한 경험이었던 것 같다.

여행은 그렇다. 다녀간 다녀본 여행 경험에 비춰보면 그 나라마다 꼭 먹어야 되는 음식들이 여행의 기쁨을 더해준다. 일본에서는 그 지역마다 육수가 다른 라멘과 초밥이 그랬고, 괌에서는 차모로 음식과 열대과일, 대만에서는 곱창국수나 광부도시락, 밀크티 등등이 그랬다. 블라디보스토크은 킹크랩과 곰새우 해산물 등 세계는 다양한 지역과 환경에 따라 다양한 맛으로 우리의 입맛과 여행에서의 기분을 좋게 만든다. 아이들과 함께 먹은 음식으로 나는 행복했으며, 아이들도 맛있는 음식을 엄마랑 먹고 있음에 행복할 것이다. 세계 여러 나라들마다 맛있는 음식이 넘쳐난다. 나는 또다른 새로운 여행지의 음식들이 기대된다.

원산지에서 먹는 맛, 그게 진정 여행의 맛이 아닐까 생각해 본다.

05

완벽하게 안전한 여행을 하는 방법은 없다

아이와 함께 여행을 떠날 때 가장 중요한 것은 무엇일까? 두말할 것 없이 '안전'이다. 아무리 좋은 여행도 위험천만하다면 아이와 함께하기 어렵다. 우리나라는 어느 때보다 안전에 대해 강조한다. 이전에 세월호 사건 이후도 수없이 안전을 강조하고 있고 지금 이 시대는 알 수 없는 신종 바이러스 '코로나'로 안전이 중요시되고 있다. 이제는 생명에 위협을 받는 하루하루를 살고 있다.

이제는 여행에 대한 관점도 바뀔 것이며 우리가 그동안 해왔던 모든 일상과 생활들이 점점 변화될 것이다. 그래도 가고자 하는 길 위의 여행객들은 움직일 것을 알기에 나는 더 안전하게 여행할 수 있는 방법을 생각하며 이제는 아이와 조금 더 체계적인 여행을 계획하게 될 것이다.

아들 셋을 키우면서 병치레, 사건 사고를 무수히 겪어왔다. 국내에 있을 때도 그랬고 해외여행을 하면서도 겪을 수 있는 사고는 정말 다양할 것이다. 아이가 이런 사고로부터 자신을 지키도록 하는 것은 하루아침에 가능한 일이 아니다. 장기간 계획을 세워 꾸준히 교육해야 한다. '우리 아이에게는 그런 일 절대 없을 거야'라고 막연히 기대하는 부모의 바람과 달리 언젠가는 겪을지도 모르기 때문이다. 모든 엄마들이 여행을 가고자 할 때 특히나 해외여행을 혼자 계획을 한다면 대부분은 안전에 대한 사고를 미리 걱정하는 부분이 많을 것이다. 남의 나라에서 언어도 안 통하고 아이가 열이 나거나 체하거나 하면 얼마나 당황스럽고 무섭겠는가! 그래서 엄마가 강해야 되며, 그런 모든 경우의 수를 대비하여 방법을 모색해야 한다.

남자아이 셋을 13년 낳고 기르면서 크고 작은 사건 사고들이 얼마나 많았겠는가? 그러나 우리 아이들은 천성적으로 외향적인 성격이 아니라서 특별히 별난 아이들이 아니고 엄마 말을 그래도 잘 듣는 아이들이다. 내가 아이들 때문에 기억하는 사고의 횟수는 많지 않지만 특별히 기억하는 사고들은 한두 건 정도이다. 그중 기억나는 사고는 남편 친구가 아이를 출산했다고 축하인사로 병문안을 갔다가 면회시간 안 되어 근처 카페에서 우리 가족, 남편 친구, 몇몇 가족들이 커피숍에서 기다릴 때이다. 원목의 긴 카페 탁자의 목서리가 조금 날카로웠는지 막내가 잠시 한눈 판 사이 입을 찧었는데 약한 아이 입술이 옆쪽으로 깊이 1cm정도 푹 파였다. 피가 막 나기 시작하고 커피숍 안은 아수라장이 되었다. 그곳은 부산이 아닌 김해라서 근처 응급실로 달려갔으나 성형외과로 집도를 할 수 없다고 한다. 그리고 일요일이다. 웬만한 병원은 쉬는 날이라 대학병원과 급히 바로 봉합수술을 할 곳을 찾아보니 부산의 문화병원 응급실이 가능하다고 해서 바로 그리로 갔다. 그리고 아이는 마취주사를 고통스럽게 맞고 마취될 때까지 조금 기다리다 봉합수술을 바로 했다.

아이를 안고 감싸면서 엄마의 마음이 아린다. 내가 낳은 자식이 잠깐의 부주의로 고통스럽게 마취주사를 생으로 맞으며 아픔을 느끼고 있다. 엄마의 마음은 마취주사의 열 배 이상 아프다. 그러나 겉으로 표현하지 않는다. 그러면 아이는 엄마의 눈물로 더 아프기에 나는 환한 미소로 우리 아이를 감싸안는다. 힘든 수술을 잘 견뎌준 나의 사랑하는 막내를 위해서…. 지금도 그 흉터가 조금 남아 있다. 크고 작은 상처가 엄마를 강하게 성장시킨다.

어느 날 집에서 회사로 전화가 온다. '엄마 나 머리에서 피나!' 둘째가 조금 커서 아이들이랑 놀다가 친구가 잘못 던진 돌에 머리를 맞아 머리가 움푹 파였다. 순간 친구가 우리 아이에게 기분 나빠 던진 건지, 아니면 잘못 놀다 던진 건지, 엄마라서 그래도 화가 난다. 그러나 친구가 놀다가 못된 마음이 아니라 나는 그 아이와 엄마를 이해했다. 나도 아이 키우면서 일어날 수 있는 일이기에….

친구의 엄마가 진심어린 사과와 걱정을 해줘서 용서를 했다. 아이의 상처는 깊이는 2cm 내외이나 아이의 머리는 피로 범벅이다. 근처 야간 아이들병원에 가니 큰 병원으로 가라고 한다. 근처 양산대학교 병원 응급실에 가서 간단하게 머리 출혈을 제압하고 머리를 클립으로 꽉 집어서 머리를 봉합했다. 이때는 남편도 일할 때라 나혼자 아이와 둘이 가서 응급실에서 치료받고 바로 왔다.

아이가 아프면 엄마는 더 아프다. 그래서 아이의 아픔을 알기에 이번에도 참는다. 내가 웃어야 아이가 그래도 덜 불안해 고 괜찮구나! 별일 아니구나! 느낄 것이기에…. 조그마한 사고에도 벌벌 떨고 울고불고 어쩔 줄 몰라 하는 엄마를 아이가 본다면 아이가 더 불안할 것이다. 그래서 엄마는 어떠한 상황에서도 의연해야 한다. 강심장을 가진 것처럼 말이다.

크고 작은 사건 사고들을 수없이 겪은 나이다. 웬만한 사고는 그러려니 한다. 상처는 낫기 마련이고 시련은 변형된 삶의 축복임을 안다. 그만큼 인생을 겪은 나이라는 것이다. 삶의 통찰력이 커져간다. 내가 그동안 살아왔던 경험과 깨달음이 나 김희정이라는 이름의 한 권의 진짜 책으로 완성되고 있는 느낌이다. 또한 아직 살 날 많은 인생을 또 한번 얼마나 많은 책으로 펼칠지 나는 나의 삶이 기대된다.

아이랑 해외여행을 갔을 때에는 다행히 우리 아이들은 배탈 한번 나지 않았고, 열도 나지 않았다. 평소 건강체질이어서 그런 것 같기도 하다.
산이나 들이나 매일 움직이는 활동적인 것을 시골에서 매주 어릴 때부터 하였던 아이들이다. 아이도 건강하고 나도 건강한 삶을 살다 보니 건강체질인 것 같기도 하다. 그리고 긍정적인 생각이 정신을 지배하듯 매일 일어날 수 있는 사건에 집중하기보다 내가 노력하고자 하는 이유 있는 삶을 선택하고 집중할 때는 기분이 좋다. 낯선 나라 음식에도 아이들이 편견없이, 편식하지 않고 잘 먹고 잘 자고 잘 싸고 이게 기본인 것이다.

아이와 함께 떠나는 여행에서 지켜야 할 것은 스스로 지키는 여행이다. 먼저 시작해야 할 것은 근본적인 안전의식의 변화이다. 아이와 어른 모두 안전에 대한 의식 자체가 달라져야 한다. 아이 스스로 자신을 지킬 수 있게 이끌어야 하고, 무엇보다 중요한 것은 아이를 키우는 부모의 안전의식이다.

이전에 뉴스에서 25세 부산 청년이 미국 그랜드캐니언을 여행하던 중 추락사고로 의식불명에 빠졌다는 소식을 들은 적이 있다. 가족들이 국내로 데려오려고 했지만 거액의 현지 병원 치료비와 관광회사와의 공방으로 인해 어려움을 겪고 있어 도움이 필요하다며 TV에서 많이 홍보를 하고 있었다. 이 사건도 안전 지시를 따르지 않은 청년이라고 관광회사쪽에서 말하고 가족들은 평소 신중한 성격임을 알기에 무단행동을 하지 않았다고 법정 공방까지 진행되고 있다고 보도한다. 이런 점만 봐도 안전은 한순간에 생명을 앗아가기에 그만큼 중요한 것이다.

아이가 어릴 때는 부모가 아이의 안전을 책임질 수 있지만, 아이는 크면서 점점 부모를 벗어나려고 한다. 부모가 생각하는 것보다 훨씬 더 빨리 적극적으로, 언제까지고 아이의 방패막이가 되어 줄 순 없다. 그렇다면 지금부터라도 아이가 스스로를 지킬 수 있게 교육하는 게 좋지 않을까? 아이가 스스로 자신을 지킬 수만 있다면, 그 어떤 유능한 안전요원이 함께 가는 것보다 안전한 여행이 된다. 여행은 안전교육을 하기에 가장 좋은 기회이다. 예를 들어 아이들이 괌에서 물놀이를 할 때도 필요한 기본적인 안전사항을 리조트의 지도로 아이들은 교육을 받고 그 범위 안에서 놀이를 한다. 위험하거나 돌발행동을 하면 안 되는 이유를 설명해주는 것이 좋다. 아이는 이유 없이 하지 말라고 하기보다는 왜 그런지 이유를 알려주면 이해를 하게 된다.

또한 일본의 도시로 자유여행을 간다면 교통, 시설물 안전교육을 하기에 적합하다. 또한 일본은 지진이나 해일이 자주 발생하는 나라로 자연재해로 관련된 안전교육을 배울 수도 있다. 이전에 일본 고베에 여행을 갔을 때 나는 자연재해가 상당히 무서운 것이라는 것을 느꼈다. 1995년 1월17일 새벽에 발생한 고베지진은 당시 아카시해협 부근에서 발생한 진도 7.2크기의 대형 지진으로 인해 사상자가 약 4만여 명, 건물, 도로 재해 등 피해가 엄청 컸다고 한다. 그것을 추모하는 메모리얼파크에서 그 실제 현장의 생생함을 나는 느낄 수 있었다. 아이들과 함께 간 블라디보스토크에서도 해양공원의 얼음바다도 부주의시 바다로 빠질 것을 염려해 안전하게 놀 것을 지시했다.

아이와의 여행은 언제나 사건 사고가 일어날 수 있다는 전제하에 나는 실행한다. 처음부터 모든 사고에 대비해 한 방에 끝내자는 마음보다 여행 갈 때마다 하나씩 차근차근 교육을 한다는 마음으로 계획을 세워야 한다. 완벽하지 않은 것이 아이인 것이다. 성인이 아니고 아직 성장하고 있고 계속해서 성장해야 하기에 사고는 일어나기 마련인 것이다. 다만 이러한 사고를 당했을 때 어떻게 대처를 하느냐가 중요하다. 특히 국내가 아닌 해외에서 엄마 혼자 아이 셋을 건사하고 여행을 해야 한다면 더욱 철저한 안전교육과 엄마의 안전의식이 중요할 것이다.

당하기 전에 미리미리! 안전은 두 번, 세 번 강조해도 지나치지 않다!

06

많은 것을 하고 많은 것을 배우는 시간

아이들과의 여행은 책에서 배우는 이론이 아니다. 세상에서 일어나는 모든 현상과 물질들을 TV나 뉴스나 책에서 보는 것과 다른 실제 경험이다. 요즘 아이들이 체험학습이라는 이름으로 다양한 경험을 하면서도 제대로 꿈을 갖지 못하는 이유는 뭘까요? 바로 '생각하는 시간'이 빠져 있기 때문이다. 아이들의 체험은 체험으로 끝이 난다. 그리고는 생각할 여유도 그 어떤 계기도 허용하지 않는 바쁜 생활로 돌아간다. 체험은 추억으로만 남고 끝이 된다. 꿈이 싹트려면 생각하는 시간을 가져야 한다. 폐쇄된 공간에서 하는 생각은 부정적이고 소극적인 생각, 닫힌 생각을 하게 된다. 아이가 긍정적이고 적극적인 생각, 열린 생각을 할 수 있게 도 와주려면 넓은 세상을 보여줘야 한다. 그래서 더욱 여행을 떠나야 한다.

아나톨 프랑스는 '여행이란 우리가 사는 장소를 바꾸어주는 것이 아니 라 우리의 생각과 편견을 바꾸어주는 것이다.'라고 했다. 내가 여행을 떠 나는 이유를 정확히 짚어주는 말이다. 머리가 복잡할 때 우리가 몸을 움 직여 하는 활동, 즉 운동이나 걷기 청소 등 격렬히 무언가에 집중해서 하 다 보면 생각이 단순해진다. 복잡한 생각은 꼬리에 꼬리를 문다. 단순히 비워야 될 때는 격렬한 운동만큼 효과적인 게 없는 것 같다. 적어도 나는 그랬다. 온갖 일들이 가득한 세상을 직접 체험하고 부딪히면서 자연스럽 게 생각할 수 있는 시간을 아이들과 여행을 하면서 아이들이 깨달았으면 한다. 아이들이 여행을 통해 어느 순간 자신의 생각이 꿈으로 완성되어 이끌어 나가고 있는 것을 발견할 것이다. 생각하는 여행은 따로 있는 게 아니다. 익숙했던 주변 환경에서 벗어나 새로운 곳으로 발을 내딛는다. 새로운 환경은 새로운 자극이 되고, 새로운 자극은 새로운 생각을 낳는 다. 익숙한 것이 아닌 새로운 것과의 만남이 곧 생각하는 여행을 위한 조 건이 된다.

여행에서의 새로운 것과의 만남은 꼭 장소뿐만 아니라 처음 보는 유물 과 유적, 다양한 그림, 처음 먹어보는 음식, 다른 언어를 사용하는 사람과의 대화처럼 새로운 문화, 새로운 사람과의 만남도 포함된다. 특히 새로운 사람과의 만남은 많은 생각을 하게 한다. 왜냐하면 사람이 바뀌려면 환경, 사람만큼 크게 바뀌는 것이 없기 때문이다.

하우스텐보스의 아침

나는 도시에서만 살았고, 사람과 상대하는 서비스업만 20년 이상을 해오고 있다. 그래서 그런지 쉬는 날이면 사람과 부딪히지 않는 자연이 있는 시골이나 조용한 곳에서 책을 읽는 것을 좋아한다. 아이들이랑 그래서 시골 산청에 주말마다 가서 강가에서 피라미를 잡고 다슬기를 잡고

산을 타고 향기로운 공기를 마시는 이유이다. 아이들이랑 가는 여행지는 내가 좋아하는 자연이 이쁜 곳도 좋지만, 그래도 관광이나 눈으로 볼 수 있고 체험할 수 있는 관광지들로 고른다. 어릴 때는 근처 화명수목원에서 나무와 자연들로 힐링하고 거기에 있는 염소들과 토끼들에게 줄 당근을 미리 집에서 잘라서 준비해서 가곤 했다. 동물들과 교감하는 것도 좋은 것 같다. 요즘 같은 1인 세대에 외로워서 애완견을 많이 키운다. 사람은 머리로 필요에 의해서 사귀고 헤어지고 자기의 욕심에 따라 선택을 할 수 있지만 애완동물은 그런 사리사욕보다 오로지 그 사람만을 보고 좋아해주고 반겨주기 때문이다. 계산적이지가 않다는 것이다.

아이들과 여행지에서 보내는 시간은 너무나 짧다. 가까운 일본만 해도 그렇다. 2박 3일이라고 하나 가고 오는데 하루 반나절 비행기 타는데 시간을 보내면 순수하게 거기서 보내는 시간은 짧다. 시간이 많아 해외 한 달 살기 이런 것도 맘으로 해보곤 싶으나 여건상 할 수가 없다. 아이들과 많은 추억을 남기고 많은 경험을 하고 싶으나 너무 무리한 계획의 여행은 안 하느니만 못하니 일단 즐길 수 있는 것에 최대한 집중을 하자.

일본 여행을 갔을 때 아이들은 우리나라가 아닌 외국여행을 처음 하는 것이었다. 모든 게 신기할 것이다. 비행기를 타는 설렘과 다른 나라 사람들과 처음 부딪히는 입국심사 그리고 후쿠오카라는 도시! 여기에서는 아이들이 배울 게 뭐가 있을까? 일단은 외국을 가기 위해서는 아이답게 경험과 체험을 하게 된다. 비행기 발권을 위한 공항검색대에서 불법소지물이 없는지 공함검색대를 통과를 한다. 아이들은 왜 윗도리를 벗는지 가방을 놓고 들어가야 되는지 처음 겪는 모든 환경이 신기하다. 비행기에 물건을 실을 때도 라이트와 충전기를 왜 빼서 직접 소지해야 하는지, 그것이 충격에 의해 화재로 이어질 수 있다는 것 등을 하나하나 배운다. 비행기 타서도 승무원들이 안전에 대해 앞에서 모션을 취하고 기내방송이 나오면 우리가 사고에 대비해 어떤 것을 알고 있어야 되는지 이런 것들은 해외여행을 함에 있어서 기본이다. 나중에 여러 번 여행을 하다 보면 이러한 것들은 자연스럽게 알게 될 것이다.

초등학생들 중 요즘에는 해외 나가서 많은 경험과 환경에 노출시켜 새로운 선진 문물을 배우는 아이들도 많다. 이것을 알고 여행하는 아이는 나중에 고학년이 되어서도 그리고 나중에 혼자 배낭여행을 계획할 때도 이제는 무리없이 스스로 해낼 수 있다고 나는 생각한다. 적어도 나는 우리 아이들을 그렇게 교육시킨다.

그리고 그 나라의 이색적인 경험과 꼭 해야 할 것 한두 가지를 하고 그 다음은 자율적으로 할 수 있도록 한다. 너무 빡빡한 일정을 하기 위해 우리가 아이랑 여행 가는 것이 아니다. 일본이라는 나라가 우리나라 옆나라이고 그렇게 티격태격 역사적으로 억압받고 엎치락뒤치락 싸웠던 나라이다. 책에서도 많은 기본적인 사실은 이미 알고 있다. 그러나 아이가 일본에 와서 직접 보고 느끼고 생각하고 하는 모든 경험이 아이의 사고를 확장시킬 것이다. 우리나라 사람들과 겉모습은 비슷하며 특히나 후쿠오카는 항구도시라 부산과 별반 차이가 없어 보이지만 깊숙이 일본 안으로 들어가게 되면 일본은 우리나라와는 다른 나라라는 것이다.

괌은 물 만난 물고기처럼 아이가 할 수 있는 놀이체험의 끝판왕이다! 나는 동남아 여행 하면 기억나는 게 태국에서 20대 친구랑 둘이서 갔던 파파야에서의 패러셀링이 제일 기억에 남는다. 그 넓은 하늘과 바다를 품고 하늘을 나는! 정말 익사이팅하고 신나는 경험이었다. 열대바닷속 호핑투어는 두말할 것도 없지만…. 알록달록 물고기들….

아이들은 아직 어려서 기본적인 호핑투어만 해도 신난다. 리조트 앞 바닷속의 에메랄드 바닷속에서의 우리나라와는 다른 이쁘고 조그마한 물고기들이 유유히 헤엄치며…. '나 잡아봐라' 한다. 아이는 신기하고 재밌어했다. 이 드넓은 바다는 자연의 선물이며 드높은 하늘의 구름은 힐링여행의 진수를 보여준다. 해변의 모래들로 자기 성들을 만들고 자기 생각대로 뭐든지 펼칠 수 있을 것 같은 이 나라 괌 너무나 사랑스러운 나라이다. 누구는 쇼핑의 천국이며 맛집의 천국이라 할 수 있다. 사람들은 자기가 보고 싶은 것만 보고 싶어 한다. 나는 이러한 해외 여러 나라들의 자연이 좋다. 꼭 그 나라여만 볼 수 있는 자연경관이 사람을 한없이 자연의 일부인 나를 한낱 작은 생명체임을 느끼게 한다.

블라디보스토크에서의 겨울은 또한 아이들에게 새로운 여행의 추억을 선물해주었다. 아이들과 세 번째 간 나라이다. 여기에서의 시간은 오로지 눈속에 파묻힌 나의 힐링 휴가로 시작되었다. 나도 눈을 처음 본 것처럼 아이들도 눈이 이렇게 많은 나라는 처음 봤다. 그리고 바다가 얼어 있다. 그 위에서 마구 뛰어다니고 놀아도 딴딴하다. 신기하다. 러시아 속의 외국인은 그동안 동남에서 만났던 또한 색다른 외국인 이었고, 우리나라 올림픽할 때만 봤던 TV속 사람들처럼 쭉쭉 뻗은 언니오빠들…. 점잖게 차려입고 단정하게 보이는 중년의 여성. 뭔가 또 다른 자연 속의 블라디보스토크가 새롭다. 아이와 여행 온 시간은 참 빠르게 흘러간다. 우리가 즐거울 때 시간이 빨리 흘러가듯…. 여행에서의 시간은 늘 빠르게 흘러간다.

여행에서의 하루하루는 참 소중한 하루이다. 매일 우리가 보내는 일상적인 하루가 아니다. 어느 외국의 아침은 늘 신선했다. 매일 맞는 새벽을 나는 즐긴다. 그러나 외국에서의 아침은 늘 설렜다. 아이들과 많은 것을 여행으로 인해 서로 나눈다. 나는 아이들에게 패키지 일정 같은 규격화

된 여행을 바라지 않는다. 많은 것을 보고 느끼고 생각하고 아이의 감성을 깨워주고 여행을 하고 왔을 때 아이가 한층 더 성장해 있기만을 바란다.

여행은 길 위의 배움이니라! 사랑이니라!

07

엄마! 이런 여행 어때?

 많은 부모들은 주말이면 아이와 함께 멋진 풍경을 보고 맛있는 음식을 먹으며 편안하게 쉬다 오는 여행을 떠난다. 하지만 정작 아이들은 그런 여행에는 흥미가 없다. 부모, 즉 어른을 위한 여행이기 때문이다. 나는 항상 아이들 위주로 생각을 했다. "아이들이 원하는 여행은 어떤 여행일까?"라는 물음으로 생각을 해왔다. 그리고 아이들 셋이서 평소에 엄마에게 궁금한 것을 물을 때 그 내용을 바탕으로 아이가 주인공이 되어 재미있게 놀 수 있는 여행을 준비했다. 우리 아이들은 겁이 많아 밤과 어둠을 무서워안다. 그래서 그것과 마주하는 여행을 계획하고, 하늘의 비밀을 궁금해하는 아이를 위해 김해천문대에 갔다. 소리를 듣고 냄새를 맡으며 피부로 느낄 수 있는, 다시 말해 오감으로 자연을 느낄 수 있는 여행을 떠난 것이다. 이런 여행에서 부모는 조력자이고 관찰자일 뿐, 아이가 진짜 주인공으로 겪고 느끼고 생각하고 추억하게 된다.

아이들과 어릴 때는 체험 위주의 놀이여행을 주로 갔다. 가까운 울산대공원으로 도시락을 집에서 준비해서 돗자리 들고 소풍가는 기분으로 룰루랄라 하며 시작된 우리 아이들과의 여행….

사실 시골이 산청이라 전에 이미 많이 시골로 자연과의 여행을 다녀본 터라 아이들은 산과 바다 그리고 무엇보다 땅의 기운의 흙을 만지며 놀이감각을 키웠다. 울산은 장미축제로 유명해서 시기에 맞게 예쁜 장미의 형형색색의 꽃들을 보기 위해 갔다. 또한 동물원, 식물원이 있고 뛰어 놀 수 있는 공간이 충분하며 수영장 시설도 잘되어 있어서 아이가 어릴 때는 자주 갔다. 부산 근교에 있는 김해 경마장은 말타기 체험과 직접 말끼리 경마하는 모습을 볼 수 있다. 말들의 수려한 형체에 감탄하며 우리가 응원하는 말이 이기기를 바라기도 했다. 매월 3월경이 되면 양산에 매화축제로 한창 꽃을 피운다. 예쁘게 한겨울을 이기고 첫 꽃망울을 피우는 매화꽃과 산수유…. 그리고 그 속에서 파전과 막걸리…. 예쁜 꽃들 사이로 지나가는 운치 있는 기차역…. 가족들이 행복을 느낄 수 있는 여행은 그 절기에 맞는 화려한 자연을 찾아가는 것이다.

그 외에도 살아 있는 동식물을 보기 위해 주말마다 아이들이 좋아할 만한 꺼리를 찾아다니며 아이들의 감성과 이성을 함께 열어갈 수 있는 여행을 우리는 매년 계획을 해서 여행을 다녔다. 또한 친할머니와 외할머니, 우리 친오빠 부부와 함께 가을 여행을 다녔다. 12인승 차를 아빠가 살아계실 때 사 드린 것도 함께 여행을 다니기 위해서였다. 첫해에 갔던 곳은 설악산 워터파크. 우리는 새벽부터 분주했다. 특히 친정엄마는 정말 부지런하다. 그 새벽에 식구들 먹일 김밥을 손수 준비하고 나가면 다 돈이라고 직접 필요한 것을 준비한다. 이러한 엄마의 부지런함과 또 손이 얼마나 큰지 엄마의 큰 사랑이 있었음에 우리 가족은 편안하게 웃을 수 있었으며 행복할 수 있었구나! 라고 나도 엄마가 되면서 아이를 낳고 느꼈다.

보통 국내에서는 2박 3일 여행을 갔다. 강원도 일주를 하며 좋은 경치를 보고, 그 지역 특산물을 먹고 즐기며 그렇게 우리는 국내를 구석구석 누비고 다녔다. 어떤 해는 강원도부터 동해 일주를…. 또 어떤 해는 전라도 일대를 땅끝마을까지 가서 보고. 바다에 떠 있는 이색적인 곳에서도 잠도 자보고…. 양쪽 할머니들과 함께 여행을 하며 아이들도 대가족 여행이라 더욱 풍성할 것이다. 기분 좋은 여행은 나의 삶에 축복을 준다.

아이들도 그럴 것이다. 요즘 같은 핵가족시대에 양가할머니와 떠나는 가족여행과 그리고 엄마와 아빠 형제들과 같이 떠날 수 있는 여건과 환경이 있다는 것이 얼마나 행복한 것인가?

국내뿐만 아니라 이제는 아이들도 성장하고 우리나라도 좋지만, 세계가 넓다는 것을 아이들에게 알려주고 싶었다. 그래서 계획한 것이 해외여행이다. 누구는 돈이 많아 해외여행 간다고 생각할 수 있다. 맞는 말이다. 당장에 먹고살기도 힘든데 아이들과 해외여행이나 가고 누구는 팔자좋다고 느낄 수도 있다.
공항에서 여행 가는 사람들을 보면 사치스럽게 여행만 다닌다거나 돈이 많고 할 일 없으니깐 여행을 간다고 생각할 것이다. 그런 사람들도 있을 것이다. 가진 것이 원래 많아서 여행만 다니는 사람.

그러나 나는 그 사람들도 여행을 가는 그날을 위해 매일 매일 현실에서 힘든 자기만의 일을 하면서 버텨냈기에 자기에게 줄 수 있는 선물이 아니겠는가! 자기가 만족하는 것에 돈을 쓰는 것은 사람들마다 다르다. 나는 경험에 가치가 있다는 판단이 서면 돈을 투자한다. 그게 여행인 것이다. 이제는 아이들에게 내가 여건이 되는 한 많은 세상을 보여주고 싶다.

아이들은 나에게 항상 질문을 해온다. 세 아들은 엄마의 사랑이 늘 그립다. 회사에 출근했다 집에 오면 아이들이 계속해서 질문을 한다. 그리고 조잘댄다. 자기를 봐달라는 것이다. 나는 하는 일이 상담하는 일이다 보니 하루종일 기가 빨려 내 몸도 지치고 그래서 내가 너무 피곤할 때는 아이들에게 화풀이 아닌 화도 냈다. 그건 참 안 좋은 건데….

그때는 나도 삶에 지치고 변화되지 않는 나의 삶에 뭔가가 바뀌기를 바랐는지도 모르겠다. 평일에 이렇게 못 놀아준 아이들에게 주말이면 함께 놀아주고 같이 맛있는 것을 먹으러 가고 하면서 아이들의 마음을 달래주곤 했다. 아이들이 일본과 괌, 블라디보스토크 이렇게 많지는 않지만 세계 나라들의 도장들이 여권에 찍히면서 이제 더 많은 질문들을 엄마에게 해올 것이다.

"엄마 이번에는 어디를 갈 거야? 엄마 우리 ○○에 가자? 엄마 친구가 ○○에 갔다 왔는데 엄청 좋대…. 우리도 거기에 가면 안 돼?"

엄마는 아이가 하고 싶어 하는 것을 다 들어주고 싶다. 아이는 해외라는 좋은 나라, 더 멋진 곳으로 가는 것을 원할 수도 있다. 어디를 가고 싶다는 것은 호기심이 많다는 것이고 그리고 삶에 꿈이 많다는 것이다. 삶에 의욕이 없는 사람과 있는 사람의 차이는 현실에 만족하며 안주하는 삶과 현실보다 더 높은 미래를 바라보는 삶의 차이다. 나는 공부, 가고 싶은 여행지, 내가 좋아하는 커피, 운동, 봉사활동, 세계여행 등등 하고 싶은 게 많은 엄마이다. 아이도 그렇게 삶에 의미를 찾아가는 이유를 여행이라는 경험으로 더 많은 꿈을 소망하고 이루며 가면 좋겠다.

아이들과 어릴 때부터 수없이 바깥 활동을 하면서 보냈던 오늘 하루하루가 내 아이를 성장시켰다. 첫째가 막 아장아장 걷기 시작할 때는 아파트 주변을 엄마랑 손잡고 걸어 다니며 이쁜 꽃들과 슬금슬금 기어다니는 작은 벌레들을 보며 '까르르' 했다.

우리 큰아이가 이제는 어느새 13세이다. 이제는 자기가 좋아하는 야구를 한다고 자기 꿈을 향해 매일매일 운동을 하고 있다. 첫애는 유독 마음이 여리다. 사실 운동하려면 강한 마음이 필요한데 저 아아의 감성으로 어떻게 성장할지 아직은 잘 모른다. 그러나 자기 꿈을 초등학교 때 이미 부모에게 말할 수 있다는 것은 이 아이에게 그동안 수없이 노출시켰던 여행의 경험이 있었으리라! 시골 개울가에서 아무렇지 않게 피라미를 잡고 허허 벌판에서 할머니 할아버지와 작은 텐트 치고 노숙 아닌 노숙을 하면서 느꼈던 감성의 여행들이 아이의 꿈을 자극했었으리라!

"엄마! 오늘은 우리 어디 갈 거야? 엄마 이번 주말은 시골에 가자!"

이제는 아이들이 어느 정도 성장하니 이제 앞장서서 엄마한테 말한다.

"엄마! 이번 가을 여행은 대만으로 가자!"

08

생각이 깊은 아이 셋, 배려가 깊은 아이 셋

우리집 아들 셋은 부모의 영향인지 자기의 성향인지 전반적으로 내성적인 편이다. 남편과 내가 둘다 앞에 나서는 스타일이 아니라서 아이들도 조금 그런 성향이 있는 것 같다. 아파트 엘리베이터를 탔을 때 같은 또래 아이들은 조잘조잘 잘도 떠들어대고 붙임성이 좋으나, 우리 아이들은 인사는 하나 막 말을 잘 하는 편은 아니다. 한마디로 낯가림이 심하다. 나도 조금 그런 편이다. 그러나 아이들이 친구들과 사이좋게 잘 지내고 주변 친구들이 우리집에 자주 놀러오는 거 보면 친구 관계는 원만한 것 같다.

나는 아이에게 어떤 친구를 사귀어라, 이렇게 말하진 않는다. 자기의 친구다. 아이의 사회성을 부모가 대신 해주지 못하는 이유다. 요즈음은 친구도 가려서 사귀라고 한다. 그러나 그것도 아이의 선택이다. 다만 부모는 좋은 주변환경을 만들어주기만 하면 된다. 큰 틀 안에서 아이는 성장을 한다. 왜 치맛바람 날리는 엄마들이 강남이며, 학군 좋은 환경을 따지는지는 알 것이다. 심지어 해외까지 원정 가서 아이들 조기 영어를 위한 엄마의 아이 뒷바라지, 남겨진 기러기 아빠들…. 모든 게 부모의 선택이다. 아이를 위한 선택일 수도 있고, 나중에 부모인 나를 위한 선택일수도 있다.

첫애가 야구를 하면서 안 그래도 애 셋이 복닥복닥한 집에 첫애 친구들까지 이제 매일 거의 붙어다니며 야구를 한다. 아빠가 야구부 회장까지 자처하며 일을 하다 보니 야구 친구들이 주말이면 거의 살다시피 우리집을 가득 메운다. 운동하는 아이들이라 덩치도 장난이 아니고 먹는 것도 장난이 아니다. 이제 엄마노릇 13년차라 아이의 모습만 봐도 딱 보인다. 요즈음은 아이들을 많이 안 낳으니 외동인 아이들이 많다. 야구부에도 형제 없이 혼자인 아이들도 있다. 아이마다 성향이 다르지만 우리 첫애는 조금 내성적이고 자기 주장을 정확히 하지 못하는 성향이 조금 있다. 그러나 나에게 보이는 모습과 밖에서 친구들에게 보이는 모습은 다른 모습이다. 주변 친구들이 경록이가 학교에서 인기가 많다고 하니 듣는 소문으로 그냥 판단할 뿐이다.

첫애의 장남 같은 모습은 조금 커서 함께 한 블라디보스토크 여행 때이다. 택시 탈 때 말이 안 통하니 번역기를 직접 찾아서 기사 아저씨에게 바로 커뮤니케이션을 한다. 엄마가 잘 못하고 있으니 답답한 모양인지 자기 핸드폰으로 "번역기 쓰면 되잖아!"라고 한다. 친구들한테 선물로 줄 초콜릿을 구매할 때 핸드폰으로 직접 계산하면서 돈이 맞는지 확인하는 모습에서 느낄 수 있었다. 또한 내가 여행할 때 얼마나 돈이 남았는지 첫애는 확인하고 묻곤 한다. 지금 하는 야구도 돈이 많이 들어가는 것을 알기에 엄마아빠에게 뭐 사달라고 대놓고 말하지를 못하는 성향이다. 그래서 첫애를 다룰 때가 더 힘들다. 자기 표현을 잘 안 하니 저 애의 지금 마음의 상태를 알 수가 없다. 또한 한 번씩 내가 일 갔다 오면 피곤한 엄마의 모습이 안쓰러웠는지 자기가 먹은 것은 설거지를 한다고 한다. 표현을 겉으론 하지 않지만 엄마의 마음을 아는 든든하고 생각 깊은 아이로 성장하고 있는 것 같다.

나는 아이들에게 일주일 자기 계획표대로 했을 때 용돈을 준다. 그 용돈으로 한 번씩 자기들 먹을 것을 사 먹는다. 나는 아이들에게 "엄마 좋아하는 커피 사주면 안 돼?" 하고 질문한다. 자기 돈으로 누군가에게 뭔가를 사준다는 것은 나눈다는 것이다. 혼자만으로 세상을 살아가기는 힘들다. 다행히 아들 셋이 같이 있으니 살아가면서 든든하겠지만, 사회에서는 또다른 인간관계로 남과 더불어 살아가야 하는 세상이다. 힘들고 괴롭고 외로울 때 누구 하나 의지할 곳 없는 외로운 아이로 자라지 않길 바란다. 그러기 위해서는 남과 함께하는 배려심 깊은 아이로 자라나고 그리고 남을 한 번 더 생각할 수 있는 아이로 커 가길 바라는 엄마의 마음이다.

블라디보스토크에서 여행사를 통해 하루 선택 관광으로 같이 동행했던 팀과 우리는 부쩍 친해졌다. 왜냐하면 여성 두 분이서 포항에서 오셨는데 그중 한분의 조카를 같이 데리고 왔었기 때문이다. 우리 아이들 또래의 남학생이라 아이들은 금방 친해졌다. 우리집 아이들은 양보심과 배려심이 많다. 이 성향이 좋으면 한없이 좋을 수도 있으나 안 좋은 점이라면 자기 것을 못 챙기고 남만 배려한다는 것이다. 그래서 적당히 배려는 하되 자기 것을 챙기면서 배려를 하는 절충안이 필요하다. 누구의 판단도 아닌 자기의 판단으로 말이다. 새로운 친구를 만나면 처음이라 낯설 수 있으나 아이들은 금방 친해진다. 외국에 와서 새로운 외국인 아이랑 만난 것이 아니라 우리나라 아이를 새롭게 만나고 함께 게임도 하고 같이 관광 일정도 보냈다. 처음 보는 아이에게도 선뜻 내 마음을 전해줄 수 있는 것은 자기보다 그 아이에게 맞추려고 한다는 것이다. 맛있는 것을 같이 나눠먹고 누군가 양보해야 할 상황이 되면 본인이 그렇게 한다는 것이다. 우리 둘째가 특히 이런 성향이 강하다. 이번 학기 평가 결과 지를 보니 딱 그런 성향이다. 친구들에게 배려를 잘하나 자기표현을 많이 안 하니 조금 더 적극적으로 표현하라고 말이다. 알게 모르게 나도 가지고 있는 성향들을 내 아이들이 그대로 닮아 있다.

그래서 나도 이제 진정 변하려고 한다. 내가 살아왔던 인생이 나의 현실을 보여줬다. 성향은 잘 바뀌지 않으나 이제는 진정 내 안의 나를 드러내고 싶다. 내가 누군가에게 도움이 되고자 들어줬던 모든 것들이 나는 좋은 의도로 표현을 해도 남은 그렇게 이해를 안 한다. 나는 그 사람을 이해해서 줬던 마음들이 내가 나를 못 챙기고 힘들어하면서까지 거절을 못 했던 것들이 나중에는 한꺼번에 더 힘들게 다가오기 때문이다. 그래서 내가 바뀌고 적극적이어야 우리 아이들도 바뀐다. 아이는 엄마와 아빠를 보면서 성장한다. 한집안에서 엄마의 역할이 그만큼 크다.

아이들이 아파트에서 하는 프리마켓에서 향초 2개와 여자아이 핀을 사왔다. 일주일 동안 모은 용돈으로 사왔다. 향초는 엄마가 좋아할 것 같아 사왔고, 여자 핀은 사촌동생에게 주려고 사왔다고 한다. 둘째아이가 그런 성향이 강하다. 엄마의 사랑이 자기도 받고 싶을 것인데도, 첫째, 둘째 사이에서 자기 것을 주장하기보다 양보를 잘해서 한편으론 더 애틋하다. 자기도 하고 싶은 것이 많을 텐데 양보하는 마음이 있는 것이다. 셋째는 막내라 이제 초등학교 1학년이나 막내답지 않게 되게 자기 주장이 강하다. 사나이다운 면이 많다. 형들 사이에 끼어 마냥 어린애일 것 같으나 한 번씩 씩씩하게 자기 표현을 하고 생각 있게 행동하는 걸 보면 마냥 어린애는 아닌 것 같다. 한 번씩 놀이터에서 친구들이 살갑게 아는 척을 하는 것을 보면 그래도 친구들을 배려하며 잘 지내는 것 같다.

우리집 아이들은 남자아이 셋이다. 남자아이 엄마는 매우 남성적인 면이 많다. 체력적으로도 그렇고 실제 생활에서도 여자 아이들의 감성으로 다가가기보다 이성적으로 단순하게 행동하는 것이 많기 때문이다. 남자아이들은 집안을 어지럽히고 자기 하고 싶은 대로 놔두면 한없이 나태해지는 성격이다. 내가 일일이 따라 다니면서 정리정돈해라, 청결해라, 공부해라 시켜야 한다. 그래서 편하기도 하다. 이렇게 말하고 자기들은 한 귀로 듣고 한 귀로 흘려버리면 되는 것이기 때문이다. 여자아이들은 감정적으로 예민해서 체력적인 면보다 정신적인 교감을 더 챙겨줘야 한다. 말 한마디에 상처받고, 감정적으로 위로를 받는 경우가 많기 때문이다. 나는 딸을 키워보진 않았지만 한 번씩 놀러오는 사촌 여자아이를 가끔씩 봐도 그렇고, 결혼 전 보육교사 공부를 잠시 하면서 아이들과 함께 생활할 때도 보면 여자아이들은 그런 것 같다.

생각이 많으면 깊게 생각을 해서 남을 한 번 더 배려하고 말 한마디를 신중히 할 수도 있다. 남자아이들이라 이런 성향들을 갖는 게 어려울 수도 있다. 보고 싶은 것만 보고 하고 싶은 말만 하면 되기 때문이다. 그러나 우리집 아이들 셋은 배려심이 많다. 아빠의 성향이 그런 것일 수도 있다. 엄마의 성향일 수도 있다. 다만 집에서는 자기가 하고 싶은대로 하고 살아도 사랑으로 봐주는 부모가 있으니 다 참고 봐줄 수 있다.

같은 형제라서 한 번 마음 상해도 이해를 해줄 수가 있다. 그러나 아이는 성장하면 사회로 나가야 한다. 집안에서는 이해가 되는 행동들이 밖에서는 이해받지 못할 수도 있다. 힘든 사회생활을 버텨내려면 기본 인성부터 길러야 되는 이유이기도 하다. 그래서 엄마는 생각이 깊고 배려가 깊은 아이로 성장시키기 위해 더 나은 환경을 만들어주고 더 많은 경험, 특히 여행을 하면서 이러한 삶에 필요한 요소들을 깨닫게 해주면 좋다. 그래서 나는 아이들과 더 많은 여행을 다닐 것이다.

5장

엄마! 우리 다음에 여행 가는 곳은 어디예요?

01

엄마!
우리 다음에 여행 가는 곳은 어디예요?

아이들과 매년 여행을 계획하고 떠났다. 어릴 때는 시골을 비롯하여 가까운 근교나 서울, 강원도, 인천, 전라도 전국을 다녔다. 아이들과 체험과 재미가 있는 곳은 바로 떠났다. 그리고 아이들이 이제 다 초등학생이다. 이제는 내 몸이 자유로워졌다는 것이다. 하나는 업고, 양손에 아이 둘의 손을 잡고 버스를 타고 다니지 않아도 된다. 이제는 아이가 스스로 생각하고 움직일 수 있으니 그만큼 내 시간이 많아졌다. 그리고 내가 하고 싶은 공부를 찾아 할 수도 있고, 내가 원하는 곳이면 혼자 여행을 가도 이제 어느 정도 아빠와 놀 수 있는 나이가 되었다. 그러면서 아이들과 더 멋진 여행지를 찾을 수도 있게 되었고 이제는 세계지도를 보며 '이번에는 여기를 갈까?' 하며 혼자 주도하는 것이 아닌 함께 이야기를 나누며 더 멋지게 성장하게 되었다.

결혼 13년차 아이들을 잘 길러냈다. 나의 20대는 일에 모든 것을 걸었고, 나의 30대는 아이 셋을 기르면서 보냈고, 이제 나의 40대는 다시 돌아온 내안의 나, '진정 내 속의 나'를 찾아야 되는 나이다. 앞으로 남은 50대, 60대 그리고 100세 시대 인생 후반부를 위해 잘 준비해야 한다. 이제는 어느 누구의 삶이 아닌 내가 좋아하고 내가 즐거운 일을 진정 하고 싶기에 그것을 찾기 위해 노력을 하고 있다.

그러면서 내가 좋아하고 아이에게도 더 큰 세상을 보여주기 위해 여행을 가려고 한다. 점점 아이가 성장을 하고, 부모보다 친구와 사회에서 보내는 시간이 많아질 것이다. 첫애는 자기 꿈인 '야구'를 하면서 4학년 말부터 자기 인생을 이미 살고 있다. 그것은 어느 누구도 시키지 않았지만 자기 스스로 부모에게 요구를 한 것이다. 아이가 커가면서 이제는 나와 여행을 갈 수 있는 시간에 한계가 있다. 그래서 나는 아이들이 아직 초등학생이고 방학이라는 시간이 있고 그리고 내가 사회에서 아직은 경제력 있는 엄마이기에 내 능력이 되는 한 아이들과 더 많은 곳을 다니며 아이들에게 더 큰 세상을 보여주고 싶다.

최근에 다녀온 블라디보스토크에서 아이들의 순수함을 잊을 수가 없다. 눈세상에서 폴짝폴짝 뛰는 귀여운 아이들의 모습! 나도 이렇게 기분이 좋은데 아이들은 물 만난 물고기처럼 완전 행복한 모습으로 놀았다. 얼마나 행복한가! 사람들의 행복의 기준은 다 다르다. 그러나 나는 그 행복의 기준을 지금은 우리 아이들이 행복하고 내 남편이 웃어주고 하하호호 집안에 웃음이 떠나지 않는 것에 둔다. '가화만사성.' 어려운 말이 아니다. 모든 행복은 가정에서부터 시작이 된다.

사회는 정글이다. 내가 거의 20년 동안 겪어온 사회는 경쟁도 희생도 아닌 정글이었다. 남을 밟고 올라가야 내가 살고, 오로지 1등만을 기억하고, 성과와 실적만이 그 사람을 판단하는 기준이 된다. 그러한 환경에서 얼마나 심신이 지치겠는가! 얼마나 자존심을 내려놓고 가장이라는 책임감으로 그 무거운 짐을 짊어지고 가고 있는가! 어느 누구 한 명 나를 이해해주는 사람 없고 마음의 병은 점점 커져간다. 그 모든 것이 스트레스와 병으로 와 우리 사회에 과로사, 암, 모든 질병으로 이어진다.

그것은 내가 힘들다고 느끼기에…, 진정 힘들기에 그렇지 않은가!
진정! 내가 행복해야만 가정이 바로 서지 않겠는가!

나는 가정의 행복과 나의 행복을 위해 여행을 간다. 아이들이 "엄마, 다음 여행 어디로 갈 거야?"라고 물으면 나는 "어디 가고 싶은데?"라고 되묻는다. 아이도 생각하는 바가 있을 것이다.

　이제는 엄마가 어디 가자, 이러는 것보다 자기가 생각한 것을 계속 말해 보게 하는 것이 중요하다. 아이도 성장했기 때문에 책 속의 다양한 나라들을 경험하고 알 것이다. 우리가 일본을 가고, 미국령인 괌을 가고, 러시아를 가고 그러면서 아이도 하나씩 깨닫고 있지 않겠는가! 세상은 참 넓고 가고자 하면 떠나며 된다는 것을….

　어릴 때 외할머니댁을 가려면 우리집하고 거리는 가까우나 도로 하나를 건너야 했다. 초등학생도 아닌 여자 아이는 아무도 없는 집에 가기 싫어 외할머니한테 용돈을 받으러 종종 외할머니 댁에 가곤 했다. 그러다 찻길에서 트럭과 교통사고를 당했다. 잠깐 잠에서 깨어나 보니 병원이었다. 지금도 생생하게 기억나는 간호사 언니의 말, "전화번호가 뭐야?" 나는 우리집에는 사람이 없는 것을 알았기에 외할머니댁 전화번호를 "051-632-0000"라고 또렷이 말했다. 어린 나이에도 엄마가 없는 집이라 우리집 전화를 말하지 않았던 것이다. 어릴 때는 내가 필요할 때 엄마가 없었던 것이 싫었다. 남들에게 보여줄 수도 없을 교통부의 '산복도로의 집'이 너무나 가난해서 친구들을 데리고 오지를 못했다. 항상 밖에서 나는 나를 위로하는 힘을 받았다.

　그게 지금은 여행이라는 축복과 행복으로 이어졌지만 나는 가정에서의 위로를 받을 수 없었던 것을 외부에서 찾게 됐음을 지금에야 깨달았다. 내게 주어진 환경이 나를 이렇게 만들었고 또한 그러한 환경이 있었기에 내가 더 성장하려고 발버둥을 치고 있는 것이 아니겠는가! 엄마가 되고 내가 또 세 아이의 엄마가 되면서 깨달았다. 내가 또 우리 아이에게 내가 밖에서 일만 한다고 나의 어릴 적 엄마의 손길이 필요할 때 들어주지 못했던 것을 반복하고 있지 않은지…. 그러나 나는 그것을 인지하고 있다는 것이 나는 아이에게 신경을 쓰고 되도록이면 내가 일할 때 말고는 아이와 함께 시간을 보내려고 하는 이유다.

그것을 실천하려고 하는 엄마이기에 이제는 더욱 가깝고 친밀해질 수 있는 여행을 아이들이랑 가고 싶다. 나는 아이들이랑 여행을 갈 때 거기서 많은 것을 하는 것을 선호하지는 않는다. 아이들의 컨디션과 무리한 일정은 아이도 나도 스트레스이다. 그래서 나는 이번에는 아이들과 한달 살기를 하고 싶다. 천천히 그 나라를 느껴보고 싶다. 지금 생각하고 있는 것은 치앙마이이다. 내가 커피를 좋아해서 조용하고 치안도 괜찮고 물가도 저렴하고 아침마다 치앙마이에서 아침을 내가 좋아하는 커피와 책과 노래로 시작하면 얼마나 멋지겠는가!

나는 이런 여행을 꿈꾼다. 내가 무엇을 많이 해야 행복한 여행이 아닌 내가 진정 비워도 행복을 느낄 수 있는 여행을 말이다. 둥근 해가 떠오른

태양빛이 멋진 괌에서의 일출을 보면서 혼자 투몬비치 바다를 보고 있음에…. 일본 하우스텐보스의 고즈넉한 운치 있는 낙엽들이 보이는 경치를 한눈에 볼 수 있는 큰 창…. 온통 하얗게 쌓인 지붕들의 블라디보스토크에서의 아침들의 명상을 하는 나만의 시간을…. 이러한 시간들을 나는 진정 많이 가지고 싶다.

아이들아! 다음 우리가 여행할 곳은 엄마가 좋아하는 치앙마이이다!
코로나 끝나면 바로 가자꾸나! 또 한번 세상을 느껴보고 오자!

사랑하는 나의 세 아들! 경록이! 도윤이! 무진이!
가자! 더 넓은 꿈의 세계로! 너희들의 행복의 세계로! 고고고!

02

우리가 다시 여행을 떠나는 이유는

어떤 여행을 해도 미련과 아쉬움이 남기는 마련이다. 하고 싶은 게 너무 많아서도 그렇고, 시간이 모자라도 그렇고 아니면 하고 싶은 게 많았으나 다 못했다는 그런 아쉬움이 여행의 막바지에는 미련이 남는다. 아쉽다는 말은 뭔가 모자라서 안타깝고 미련이 남는다는 말이다. 아쉬워하는 그 마음을 조금만 자세히 들여다보면 여행자의 기대감이 숨어 있다. 여행이 신나고 즐거울수록 이상하게도 아쉬움은 더 커진다. 신나고 즐거운 순간을 겪으면 남은 여행에 더 큰 기대를 하기 때문이다. 오히려 지쳐버리고 질려버리면 아쉬움 같은 건 남지 않는다. 그때는 집으로 돌아가고 싶은 마음뿐이다. 여행이 즐거우면 가는 시간이 너무나 아깝기에 아쉬움이 커진다. 사랑도 그렇지 않던가! 내 한몸 다 바쳐 다 사랑을 했을 때 미련이 없이 돌아설 수 있듯이…. 뭔가 아쉬움이 남는다는 것은 그것을 위해 죽도록 삶에 최선을 다하지 않았다는 것이다. 사랑에도 자기감정을 재느라 내 한몸 바쳐 열정적으로 하지 않았다는 것이다. 뭔가 여지를 주고 미련이 남는다는 것은 다음을 위한 기약인 것이다. 여행은 그렇게 더욱 다음 여행지를 생각하게 한다.

블라디보스토크라는 나라가 그랬다. 2박 3일의 짧은 일정이 너무나 아까웠다. 왜냐하면 하고 싶은 것은 너무나 많으나 시간의 한정이 우리를 더 애타게 한다. 새로운 자연환경에 매료된 나는 이 나라를 오랫동안 느끼고 싶었다. 아이들과 함께 오니 내가 하고자 바로 실행해야 하는 나로서는 어떤 일을 할 때 같이 움직여야 된다는 물리적인 환경이 안타까웠다. 그래서 나중에 오로지 혼자 와서 이 나라 구석구석을 느껴보고 싶었다.

나는 겉으로는 외향적으로 보여 O형으로 보는 사람이 많다. 이것은 사회생활을 사람들과 부딪치는 서비스업을 20년 동안 하다 보니 만들어진 성격이고 본래 나는 아주 내성적인 사람이다. 내 안의 에너지가 내 안으로 흘러들어가는 사람이다. 엘리베이터에서도 사람들이 없는 것을 본래 좋아하고, 사람들이 많이 움직이는 시간 대보다 혼자 새벽시간에 움직인다. 사람들과 다른 시간으로 세상을 살아가고 있는 이유이다. 나는 내 안의 내가 너무 많아서 생각이 자유롭다. 처음 보는 사람이 막 다가오면 내가 더 피하는 사람이다. 그리고 내가 이제 마음 놓고 다가가면 그 사람만 보는 사람이다. 나의 성격을 탓할 수 없으나 나는 그랬다. 변화를 싫어하진 않지만 한 번 변하고자 할 때는 과감하게 믿고 추진하는 성격이다.

블라디보스토크는 내가 그동안 다녀본 나라들 중에 지금은 단연코 제일 좋았다. 화려한 관광지를 다 보진 못했다. 아쉬움이 남는다는 여지를 주어서 꼭 가야되는 이유이다. 그중 첫 번째가 러시아의 문화예술의 향연, 아름다운 공연을 실제 그 나라에서 볼 수 있는 기회를 가져보는 것이다. 고전 발레의 본고장 러시아가 아니던가! 무용을 전공하진 않아도 뭔가 예술적인 공연을 볼 때는 나의 가치가 예술적으로 격이 상승하는 느낌이 든다. 발레와 오페라 등 러시아 예술은 오랜 역사와 전통을 자랑하며, 세계적으로 명성이 자자하다. 블라디보스토크에 위치한 마린스키 극장 연해주 분관에서 러시아를 대표하는 작품들을 관람하는 기회를 가져보고 싶다. 러시아의 세계적인 작곡가 차이콥스키의 〈백조의호수〉, 〈잠자는 숲속의 미녀〉, 〈호두까기 인형〉 등의 발레와 〈햄릿〉, 〈맥베스〉 등 오페라 공연을 합리적으로 볼 수 있는 기회를 꼭 가지고 싶다. 이런 무대 위에서 공연하는 느낌을 나는 개인적으로 좋아한다. 극도로 내성적이지만 내안의 예술적인 감각은 남다르다. 초중고 장기자랑 때 나는 춤과 노래로 무대를 장악했다. 나는 내가 음악에 완전히 몸을 맡기고 나를 표현할 때 희열을 느낀다. 내가 표현을 잘 못하는 것을 내 몸이 대신해주는 듯하다. 잘 춘다, 못춘다 그런 뜻이 아니다. 그냥 오로지 내 안의 모든 에너지가 내 몸을 통해 나오는 동작으로 나는 음악에 내 몸을 맡긴다. 그럼 나는 기분이 매우 좋아진다. 그 행복함이 나를 이끈다.

그리고 바냐 체험이다. 뜨끈뜨끈 오두막집의 추억을 가질 수 있는 것이다. 나는 뜨끈한 아침 온천을 좋아한다. 사람들이 없는 새벽 온천을 즐긴다. 아무도 없는 그 힐링의 느낌은 나를 행복하게 만든다. 바냐도 우리나라의 사우나처럼 러시아식 사우나다. 벽난로에 물을 뿌려 수증기가 발생하면 그 열기로 몸이 뜨끈해지면서 독소가 빠져나간다. 통나무집 내 거실에는 커피포트와 컵이 구비되어 있으며 식사도 가능하다. 현지에서는 루스까야 바냐와 루스키 섬의 노빅컨트리 클럽 등이 대표적이다. 이 체험은 가족들과 다같이 한증사우나를 하면서 느껴보고 싶은 체험이다. 또한 겨울나라의 로망 '시베리안 허스키'를 볼 수 있다. 우리나라에서 많이 들어본 이 개들이 멋지게 끄는 개썰매를 아이들과 함께 타면 얼마나 재미있겠는가! 사슴이 아닌 북유럽의 시베리아 허스키가 끄는 썰매를 타는 아이들은 얼마나 익사이팅 하겠는가! 생각만 해도 신나! 신나!

여행은 이렇게 멋진 상상과 행복만으로도 너무나 설렌다. 이렇게 하고 싶은 것을 남겨두고 왔으니 같은 나라지만 여러 번 가게 만드는 이유이기도 하다.

여행이 아쉽다는 감정은 여행이 완벽하지 않기 때문이기도 하다. 여기에서 여행 가는 방법 중에 패키지여행과 자유여행의 차이점을 알고 넘어가자. 원래 패키지여행의 유래는 1841년 토머스 쿡이라는 영국인이 런던에 세계 최초의 여행사를 차렸다. 그의 아들 존 메이슨 쿡이 사업을 함께 하면서 여행사 이름을 토머스 쿡 앤드 선(Thomas Cook and son)으로 바꾸었다. 사람들은 여행사에서 개발한 여행상품을 쿡스투어(Cook's Tour)라고 불렀다. 짧은 일정에 여러 장소를 들릴 수 있어서 편하고 효율적이었다. 멀리 여행을 가면 간 김에 다 보고 오고 싶은 게 당연하다. 언제 다시 올지 모르는데 이번 기회를 이용해 유명한 것은 최대한 많이 보고 와야 덜 억울할 것 같다. 이러한 사람들의 욕구에 따라 생겨난 것이 패키지여행이다. 패키지여행을 다녀와 본 사람이라면 분명 이런 여행이 갖는 한계와 아쉬움에 대해 잘 알 것이다. 일정을 내 맘대로 조정할 수도 없고, 현지에서 충분한 시간을 갖기도 어렵다. 단체로 다니다 보니 같이 간 사람들과 마음이 안 맞으면 고생도 하고, 기분 좋게 간 여행이 오히려 힘든 여행이 된다. 무엇을 많이 보기는 했는데 왠지 허전한 그런 기분이 드는 것은 왜일까? 그래서 우리는 오래 볼 사람과는 여행을 다녀와보라고 한다. 오로지 붙어 있는 24시간 동안 그 사람의 모든 것을 알 수 있을 테니깐….

패키지여행이라고 하니 오빠네 부부, 우리 부부 요렇게 4명에서 패키지여행으로 도쿄와 고베를 갔었다. 두 번 다 각각 가을 휴가 일정으로 아이들은 놔두고 우리끼리 같던 여행이었다. 두 부부 다 맞벌이 부부라 오빠 부부와 우리 남편은 한 직장을 다닌다. 그래서 가을 휴가를 잡으면 다 같이 움직였다. 모두 맞벌이를 하고 있으니 여행을 준비할 시간이 없다. 그래서 대부분 다 계획된 일정인 패키지여행을 선호했다. 우리가 원하는 일정이 계획 안에 있으면 그 일정을 대충 보고 왔다. 패키지만의 장점으로 잘 정돈된 일본을 계획적으로 볼 수 있어 나름 만족했다. 그러나 나는 그 뒤로 자유여행으로 일본을 2번 이상 갔다. 시간이 많으면 자유여행이 훨씬 재미있다. 내가 하고 싶은 대로만 여행을 즐길 수 있으니깐…. 두 여행의 장점만을 활용해 본인에게 맞추어 여행을 간다면 이 또한 재미있는 여행이 될 것이다.

할머니들이 개방적인 마인드로 아이들 데리고 가면 짐이니 우리끼리 다녀오라고 한다. 친정엄마가 진정 여행을 좋아하다 보니 딸과 며느리가 여행을 간다고 하면 아이들을 손수 다 봐주신다. 평소에 일 때문에 지친 우리는 그 어머니의 사랑으로 가을 휴가를 가까운 일본으로 여행을 갈 수 있었다. 지금도 아이들 방학이면 우리 엄마는 오빠네 아이 둘을 손수 기르시고 돌봐주시고 우리 아들 셋까지 시골에서 입히고 먹이고 하면서 딸 힘들까봐 쉬라고 배려해준다. 나는 그런 엄마의 사랑으로 내 일과 내 가정을 소중히 지켜갈 수 있었다. 또한 시어머니도 10년 넘게 아이들 셋을 내가 일하는 동안 돌봐주시고 감사한 두 어머니의 사랑이 있었기에 우리 대가족은 매년 함께 하기도 하고 각자 독립해서 여행을 다닐 수 있었다. 엄마는 엄마 친구들까지 그리고 시어머니는 시어머니의 나름대로 확고한 생활을 하고 있다. 각자 주어진 삶에 살다가 뭉치자고 하면 웬만하면 일정을 다 맞춰서 여행을 다니려고 했다.

아이들도 마찬가지이다. 엄마와의 여행은 어디를 가나 즐겁고 행복하다. 그리고 무엇을 해도 한없이 신나고 즐거운 여행이었다. 아이들이 느끼는 여행과 내가 느끼는 여행에는 분명 다른 점이 존재한다. 아이가 괌에서는 천국 같은 물놀이로 마냥 신나하고 블라디보스토크에서 한없이 넓은 얼음바다와 눈세상을 보며 또 다른 나라가 궁금해지고 또 가고 싶은 욕구가 생기지 않겠는가!

그 차이를 알고 다음 여행을 계획한다면, 이전보다 훨씬 만족스러운 여행을 다녀올 수 있을 것이다. 여행은 항상 완벽하게 준비해서 가는 게 아니었다. 완벽하게 준비한다고 일정에 따라 척척 그 여행의 느낌과 행복을 느끼는 것도 아니며, 자유 일정으로 자유를 한없이 즐긴다고 마냥 계획 없이 훨훨 다닌다고 행복한 여행이 아니었다. 이미 한 것에 대해 더 하고 싶은 욕심과 하지 못한 것에 대한 나의 설렘이 항상 여행을 다시 떠나게 한다.

03

아이는 독립된 존재! 하나의 인격체!

아이는 내 몸을 통해 나왔지만 하나의 우주가 탄생한 것이다. 얼마나 고귀하고 신기한가! 사랑과 사랑이 만나 한 생명이 탄생하기까지 얼마나 많은 고통과 인내가 필요한가! 열 달을 품고 고통을 뚫고 고귀한 생명이 탄생된다. 나는 그런 소중한 생명을 세 명이나 탄생시켰으니 나의 사랑 이 넘침이니라! 사실 나는 결혼 생각이 없었고 특히 아이도 이렇게 많이 낳으리라고 생각하지 않았다. 그러나 지금의 남편과 사랑으로 만든 나의 사랑의 결실이다. 남편이 홀로 커서 형제가 없다 보니 아이가 많이 있었 으면 했고, 그리고 막내는 친정엄마가 여자에게는 딸이 있어야지 된다고 해서 낳았던 아이다. 그리고 보니 나는 항상 내가 없었다.

나는 늘 누군가의 이끌림에 끌려가고 있었다. 내가 이렇게 성장한 것을 나의 어릴 적 내면아이에게서 찾을 수 있었다. 아이는 부모의 말을 듣고 자라난다. 사랑의 말을 듣고 자라난다. 그러나 나는 그렇게 말해주는 부모가 없었다. 그래서 내가 자존감 낮다는 것을 이제 내 나이 40대가 되어 깨닫는다. 평범한 아빠들이 흔히 하는 '우리딸, 예쁘네.', '우리딸, 사랑한다.' 이런 말을 듣고 자라지 못했다. 엄마도 억세게 일만 하다 보니 삶이 힘들어 집에서는 자기의 한숨 섞인 푸념만 했다. 어떤 때는 거친 말들을 쏟아내곤 했다. 나는 그래서 내 존재 가치를 어릴 때부터 생성시키지 못했다. 그렇다고 엄마를 원망하거나 그러진 않는다. 누구보다 강인한 엄마가 있었기에 우리가 있는 것을 알기에…. 다만 외모와 하는 행동들, 자기가 힘들다고 누구에게 말 표현도 못 하는 것이 똑같이 닮았다.

그래서 나는 내가 받지 못했던 그 사랑의 말과 몸짓을 아이에게 전해주려 한다. 그러나 부모의 영향이 큰 것을 다시 한번 느낀다. 나도 엄마의 모습을 그대로 닮아 가고 있지 않은가! 그래서 나는 더욱더 의식적으로 내가 아이들에게 사랑의 표현을 하려고 한다. 나같이 무뚝뚝하고 다소 공격적인 말을 하는 엄마에게 아이가 상처를 받지 않았을지 심히 걱정스럽다. 내 마음속에 있는 표현들이 그게 아닌데 그게 말로 표현을 하는 것을 잘 못하다 보니 듣는 사람들의 입장에서는 다소 말이 빠르게 들리거나 톡톡 쏘는 공격적인 말들처럼 들릴 수도 있다. 사람은 노력에 의해서 바뀔 수 있다고 생각한다. 내가 지금까지 그렇게 살아 왔다면 이제 내가 더 많이 나를 표현하고자 한다.

나는 아이가 나의 부속물이 아닌 진정한 자기의 인생을 살기를 바란다. 남들이 선호하는 일률적인 공부보다 자기가 원하는 인생을 살았으면 한다. 지금 시대가 어떠한가! 알지도 못하는 세상이 만든 오염 물질과 감염병으로 위기를 겪고 있다. 우리가 사회적 동물임을 모두 깨는 '코로나'라는 병마로 모든 삶의 질서가 흔들리고 있다. 사람들이 함께하는 문화가 사회적 거리를 의식적으로 두고 생활하는 시대가 되었다. 어느 누가 이런 세상이 올지 예상을 했겠는가! 우리의 미래는 계속해서 변화하고 있고 급변하고 있다. 과거 사람들이 핸드폰 속의 스마트 세상, 노마드 시대를 알 수 있었겠는가! 세상은 변화의 흐름대로 흘러가고 있다. 다만 그 변화의 흐름 속에 방관자의 자세로 그냥 주는 대로 수동적인 자세로 임할 것인가! 적극적으로 능동적으로 행할 것인가! 우리는 진정 아이들이 그들의 미래를 살아갈 수 있는 공간을 만들어줘야 되지 않겠는가!

이러한 시대를 살아나가기 위해서는 아이의 사고가 창의적이어야 한다. 아이는 이러한 사고를 손으로 느끼거나 후각으로 느끼거나 온몸으로 느낀다. 나는 그게 체험의 중요성임을 많이 강조한다. 어릴 때 무조건 산이나 들로 땀 흘리며 뛰어다녀야 한다는 것이다. 책을 보는 것도 중요하다. 그러나 사고를 계속해서 확장하기 위해서 기본적으로 체력이 있어야 한다. 그래서 내가 강조하는 것은 운동과 여행 그 후에 공부이다. 우리나라 아이들은 초등학교부터 고등학교까지 그리고 대학교까지 10년 이상을 계속해서 공부를 한다. 마라톤과 같은 경주이다. 이미 어릴 때 그 체력을 소진하면 아이는 정작 필요할 때 쓸 힘이 없다. 꾸준함이 그래서 중요한 것이다.

남자아이 셋을 기르다 보니 강한 체력은 기본이다. 다행히 나는 어릴 때부터 몸으로 하는 활동과 체력이 좋았다. 운동을 좋아해서 한때 체대를 꿈꾸기도 했다. 그러나 진학을 위한 운동은 체계적인 시스템적인 문제이고 마냥 운동을 좋아만 한다고 되는 것도 아니었다.

그래도 나는 꿈이란 것이 있었다. 아이에게 꿈이 있다는 것은 희망이다. 앞으로 일어날 수 있는 미래를 위한 행동을 하게 만드는 동기부여가 되어야 한다. 모든 일이 그렇듯 누군가가 대신해서 해주는 일은 내 안의 내가 시키는 것이 아니니 억지로 끌려갈 수밖에 없다. 모든 것은 자기가 스스로 하고자 해야 한다. 그래야 성과가 난다.

아이의 무한한 꿈이 있다. 얼마든지 가능성을 열고 생각을 하자. 우리도 어릴 때는 세상 모든 것이 내가 생각하는 대로 무조건 된다고 생각하고 앞만 보고 달렸을 것이다. 아이는 세상에 때 묻지 않은 순수함으로 사회를 바라본다. 아직은 아이의 가능성이 많기에 다 큰 어른들의 자기 틀 안에 갇혀 살아온 그 사고를 바탕으로 아이를 틀에 가두지 말자. 모든 사람이 똑같은 생각으로 늘 이끌리는 대로 살지 말자. 자기 소신과 주관을 가지고 살아가자.

아이들에게 어릴 때부터 독립심을 강조했다. 아이지만 나는 바쁜 워킹맘이다. 아들 셋을 하루종일 따라 다니며 이거해라! 저거해라! 하며 내 에너지를 뺏길 수 없다. 아이도 성장을 해야 하고 엄마인 나도 아이와 함께 성장을 해야 된다고 생각한다. 많은 엄마들이 결혼을 하고 아이가 태어나면 아이에게 모든 신경을 집중한다. 그것은 맞다. 아무것도 모르는 하나의 생명이다. 먹고 입히고 키우고 엄마의 사랑으로 아이는 성장한다. 그러나 아이 키우는 동안 적어도 나는 내 시간을 1시간이라도 빼서 나를 위한 책을 읽고 나를 찾기 위해서 적어도 노력을 하한다. 왜 산후우울증이 생기고, "그동안 내가 아이를 위해 어떻게 했는데…." 이런 탄식이 나오겠는가! 그것은 내가 중심을 못 잡고 있어서다. 우리는 휘둘리지 말아야 된다. 정작 내가 없이 다 주고 나면 내가 없어 우울하다고 한다. 아이들 다 키운 엄마는 둥지증후군이 온다. 기껏 잘 길러온 아이들이 성장하고 장성한 아이들이 홀로 사회로 나갔을 때 혼자 남겨진 엄마는 무얼 할지 모른다. 정작 내가 없기 때문이다.

인생은 누구나 한 번뿐이다. 아이도 한 번뿐인 인생을 선물 받음에 감사하고 자기의 꿈을 찾아가고, 그리고 엄마인 나도 아이와 함께 성장하면서 가정에서 서로서로 힘을 주고 힘을 받는 그런 상호 원원하는 관계가 되어야 되지 않겠는가!

아이들과 국내 여행을 수없이 다니고 해외여행을 다니면서 내가 바라는 것은 단 하나다. 우리는 행복하기 위해 이 땅에 왔으며 그 행복을 찾기 위해 우리는 꿈을 만들어간다. 그러한 꿈이 쉽게 오면 좋겠지만 내가 무엇을 원하는지 진정 모르기 때문에 계속해서 경험하고 부딪치는 것이다. 최적의 사고를 갖게 하며, 오감을 활발히 열 수 있는 여행이 최고의 경험이라고 생각한다. 나는 여행을 너무나 사랑한다. 아이들과 일본에서 느꼈던 일본의 단조로움, 그 속에서 잘 정렬된 질서, 철저한 개인주의속의 사람들 심리, 겉으로 보이는 친절함 속에 감춰진 속내…. 이러한 것은 그만큼 많이 다녀야 보이는 것이다. 스스로 깨달음과 통찰이 필요하다. 괌에서의 자연의 위대함, 그 자연에 나약한 인간의 모습…. 블라디보스토크의 차디찬 눈, 사람들의 무뚝뚝함…. 그 나라를 느끼고 그 안의 나를 느낀다.

아이는 독립된 존재이고 하나의 인격체이다. 나는 13살, 11살, 8살, 나의 세 아들에게 항상 말하는 게 있다. 너희가 원하는 삶을 살아라…. 아직 어리지만 생각의 폭도 넓혀가고 하고자 하는 목표와 꿈을 가져라. 그리고 미친 듯이 달려가라. 그러면 어느 순간 남들과는 그래도 달라진 삶과 세상이 펼쳐지니라. 그러한 과정에서 실패와 시련은 언제든지 있을 것이고 그것을 견디는 자, 그 왕관의 무게를 견디는 자가 진정 성공한 삶이다. 누구보다 '너'가 원했던 삶이 아닌가! 이 세상에 태어난 이유를 반드시 너희 스스로 찾아라.

04

여행 갔다 온 후 아이들은 말한다
'엄마, 나 더 행복해졌어!'

아이들이 블라디보스토크를 갔다 와서 아빠에게 조잘조잘 떠들어 대는 모습을 보면서 느낀다. 아이들이 참 행복했구나! 자기 얼굴보다 큰 킹크랩을 연신 자랑한다. 귀여운 아이다운 모습이다. 아이는 있는 그대로의 모습을 드러낸다. 거짓이 없다. 괌에서의 에메랄드 바다 안의 스노클링은 얼마나 신비롭던가! 알록달록 바다 안의 형형색색 물고기들이 먹음직스럽기보다는 귀여운 장난감 같은 모습! 일본에서 실내 낚시터에서 직접 고기를 잡을 때의 손끝 쾌감! 얼마나 짜릿한가! 이렇게 아이들이랑 사소하게 했던 여행지의 모든 일상들이 아이를 행복하게 만든다. 그리고 아이의 행복이 나를 더 행복하게 만든다.

 행복은 아주 큰 게 아니라고 생각한다. 아침에 거실에서 바라보는 금정산과 하늘이…. 그리고 아침 일찍 운동 후 즐거운 아침과 기분좋은 음악으로 하루를 시작하는 휴일 아침의 달콤함! 남편이 아이들을 위해서 해주는 맛있는 치킨과 볶음밥, 카레보쌈요리, 떡볶이, 각종 찌개, 두부요리, 두루치기, 각종 고기로 하는 요리들…. 그렇게 요리한 음식들을 맛있게 먹어주는 가족들이 있어 기분 좋아하는 남편의 모습…. 평온한 가정이 행복이다. 집안이 화목해야 아이와 나와 남편이 행복하다. 그것은 어느 시대나 마찬가지일 것이다. 주변에 아픈 부모님 한 분만 계셔도 마음의 무게로 내가 행복을 누릴 여유가 없다. 또한 경제적인 문제도 그렇지 않던가! 평범하게 잘 살아온 가정도 아이가 커감에 따라 경제적인 각종 문제들로 부부간의 불화가 이어지지 않던가! 계속 평탄하게 살아가는 부부가 몇이나 될까! 대부분 서로가 배려를 하면서 그렇게 가정을 위해 희생하고 노력하면서 가꾸고 있는 게 아니던가! 결혼이라는 굴레의 삶을 다들 견디고 살아가고 있지 않는가!

 내가 느끼는 행복의 중요함을 알아야 한다. 그러기 위해서는 내 안의 나를 계속 끄집어내는 자기 성장을 찾아야 된다. 40대로 접어들면서 매일 회사로 출근하는 삶을 근 20년간 해오고 있다. 아이 셋을 낳고 기르면서도 일을 놓지 않았다. 그러면서 문득 아침에 출근을 하면서 느껴지는 게 있다. 이러한 생활을 언제까지 반복해야 되는가! 내가 이렇게 일만 하는데도 내 삶은 달라지지 않는가! 내 집 한 칸은 있지만 언제까지 생계를 위한 일을 해야 되는가? 아이가 셋이고, 또 아이가 자기 꿈을 위해 야구를 한다고 한다. 그러면 우리 부부는 언제까지 이러한 삶을 계속해야 하는가? 이 일을 할머니 될 때까지도 해야 하는가!

내가 말하는 것은 직장생활의 굴레를 말한다. 누구는 '회사가 얼마나 좋은가!'라고 할 것이다. 시키는 일만 하면 되는 것이기 때문이다. 아무 생각없이 시키는 대로 주어진 일만 하면 되는 것이다. 그러나 나는 이러한 일을 함에 새롭고 창조적인 내가 하고 싶은 일을 계속해서 찾고 있다. 요즘은 회사에서 자녀가 있는 엄마들을 위한 복지가 잘 되어 있다. 그래서 나는 둘째를 낳고 마지막 육아 휴직 3개월 쓰면서 내가 평소 좋아하는 바리스타 자격증을 공부해서 자격증을 취득했다. 먼 훗날 나의 버킷리스트에 북카페를 경치 좋은 곳에 힐링공간으로 꾸미는 게 있다. 찾아오는 손님들만 받고 돈에 크게 연연해하지 않기 위해 내 건물을 갖고 싶다. 내가 좋아하는 책을 햇빛 받으면서 읽고 아침에 내린 커피와 기분 좋은 음악으로 하루를 시작하는 이러한 소소한 일상을 꿈꾼다. 그러기 위해서는 나의 미래를 위한 공부를 계속해서 해야 한다. 부동산 공부를 해야 한다고 생각했다. 평소 책을 좋아하다 보니 책으로 이어진 '한경협' 온라인 카페로 알려진 곳에서 경매 공부를 해서 바로 낙찰을 받았다. 그렇게 일을 하면서 경매 한 사이클을 완료하고 나는 나의 경험을 바탕으로 계속 물건 조사를 했었다. 그러던 중 다주택자의 국가의 세금 압박과 감당하기 어려운 법 내용들로 문제가 있었다. 이제는 인세 수입의 파이프라인을 만들기 위해 평소 책을 좋아하다 보니 글을 쓰는 작가의 삶도 누리고 있다.

경매 공부도 하고 직장을 다니면서 임장도 가고 인테리어도 했다. 직장마치고 밤늦게 혼자서 인테리어를 하면서 나는 그렇게 내 미래를 준비하고 있다. 그리고 지금은 작가라는 이름으로 내 인생의 후반기를 풍요롭게 준비하고 있다.

'두드려라! 그럼 열릴 것이다.' 이 말이 생각난다. 모든 사람들은 하고자 하는 것이 있으면 생각만 한다. 그러나 나는 실행을 한다. 생각한 것이 있으면 바로 실행한다. 나의 장점이다. 생각이 많다는 것은 그것을 끝내야됨을 말한다. 생각의 흐름을 끊는 것이 바로 행동하는 것이다.

여행을 갈 때마다 매번 즐거울 수만 있는 게 아니듯이 그 여행의 일상 속에서 재미를 찾는 것이다. 아이들은 그것을 잘 찾는 것 같다. 아이들은 무슨 걱정이 있겠는가! 엄마아빠가 비행기 태워서 일본이라는 나라에 가게 해주고 맛있는 후쿠오카 라멘을 사주고 눈에 보이는 아이스크림 사달라고하면 사주고, 그러니 여행을 갔다오면 "엄마! ! 나 행복해. 그러니 더 행복한 여행으로 나를 더 행복하게 해줘!"라고 아우성을 친다!

그래서 이어진 여행으로 괌으로! 블라디보스토크로! 내가 아이들을 이끌고 가는 이유다.

내 안에서 아이들은 더 많은 행복을 누릴 것이다!

05

여행의 끝에서
다 버리고 돌아가기

여행 갈 때의 설렘을 뒤로 한 채 돌아가야 할 시간이 있다. 집으로의 귀향이다. 여행은 그렇다. 설렘을 갖고 와서 이제 내려놓음, 비움의 마음으로 원래의 자리로 돌아가는 것이다. 가슴에는 또 하나의 추억이 쌓인다. 많이 누렸다. 많이 느꼈다. 이제는 본래의 일상으로 가서 그때의 추억으로 삶을 살아내리라. 그게 여행이 주는 힘이다. 일상에서의 힘듦을 잠깐의 행복한 여행지의 추억으로 견뎌내는 것…. 결혼도 그렇지 않던가! 결혼식 하고 신혼여행을 갔다 와서 한평생 기나긴 레이스를 견디는 힘을 그때 한순간의 행복한 추억으로 얻는 것이다.

아이 셋과의 여행은 엄마의 생각에 따라 즐거울 수도 괴로울 수도 있다. 남자아이 셋을 데리고 집에서도 힘든데 굳이 외국에까지 가서 힘듦과 고생을 사서 하는 것이기 때문이다. 그것은 그렇게 생각하는 엄마의 생각이고, 나는 그렇게 생각하지 않는 엄마이다. 나는 아이에게 여행을 함으로써 세계를 보여주고 싶은 엄마이다. 내 한몸 편한 여행은 집에서도 얼마든지 힐링하면서 할 수 있다. 그러나 외국에서는 모든 게 생생한 경험이다. 바로 인생이 책이란 말처럼 아이들은 인생 책을 여행으로 느끼고 있는 것이다. 외국의 물가를 알고 마트에 가서 계산을 하면서, 외국 돈을 보면서 수학을 배우고, 말도 안 통하는데 지나가는 외국인을 붙잡고 손짓발짓하면서 몸짓으로 소통을 한다. 선물 구입하면서 외국인과 흥정을 하면서 협상과 사회를 배운다. "10개 사면 하나 더 주세요!" 아이들이 척척 계산도 잘한다. 어디서 이런 산공부를 한단 말인가! 그것은 여행에서만 가능하다. 눈으로 보이는 것은 다 버리고 갈 수 있다. 그러나 이러한 경험은 내 몸 속에 자리잡는다. 아이가 세상을 살아갈 때 얼마나 이 힘을 가지고 쭉쭉 성장하겠는가!

아이들아! 이제 돌아갈 시간이다!

돌아갈 곳이 있다는 것은 또 언제가 떠날 것이라는 것이다! 이렇게 비우고 가야 또 새로운 것을 담을 수 있는 것이다. 우리 삶도 그렇지 않던가! 집안에 꽉 찬 짐과 쓰레기들을 정리하고 버려야 새로운 것으로 채워

집으로 가는 공항

진다. 우리가 지금 나의 머릿속을 채우고 있는 사고도 비워야 새로운 사
고로 채울 수 있다. 여행은 그래서 한권의 책이라고 한다. 하나도 틀린
말이 없다. 옛날 현자들의 말이 있다. '길 위에서 배워라.'

나는 기회가 된다면 산티아고 순례길을 걷고 싶다. 수행의 길일 것이
다. 원래 어느 누구와의 경쟁보다 나와의 경쟁이 제일 어렵다. 자기를 한
계 짓는 것도 자기이고, 자기 한계를 넘어 에너지를 무한히 펼치게 하는
것도 자기이다. 오로지 된다고 생각하고 시작하는 사람과 안 된다고 생
각하고 시작하는 사람은 결과가 다르다.

아침마다 나는 운동을 30분씩 한다. 매일 하니 익숙하다. 그러나 요새 글을 적는다고 자는 시간이 일정치 않으니 종종 빠지는 날도 있다. 일도 해야 하고, 아이 셋도 케어해야 하고, 자기 관리도 해야 하는 나는 슈퍼 맘이 아니지만 그렇게 만들어지고 있는 엄마이다. 러닝하면서도 숨이 턱 턱 막힌다. 그러면 그만 뛰고 싶은 게 사람 심리이다. 그러나 나는 목표 한 시간까지 나의 한계를 설정한다.

이전에 고등학교 때 체대 진학을 위해 고3 때 6개월간 준비를 했다. 그 때는 미리 준비하는 학원 과정이 있는 줄도 몰랐다. 학교 수업 마치고 운동장을 뛰는 여자 아이 2명이 한 여성 코치께 지도를 받고 있다. 동아대 체대 학생으로 학교 후배들을 일정의 돈을 받고 지도하고 있었다. 나는 공부가 내 성적으로 답이 아니라는 결론으로 내가 초중고시절부터 잘했 던 운동으로 내 꿈을 펼치고 싶었다. 매일 운동장을 뛰고 체력 단련 운동 을 하고 근육으로 몸을 만들어갔다. 그러나 나는 나의 한계에 부딪쳐 진 학을 할 수 없었다. 문제는 자신감이다. 나는 스스로 할 수 있다는 자신 감이 없었던 것 같다. 또한 조금 늦게 시작한 감도 있다.

그러나 그러한 도전이 있었기에 나는 남들 대학 가서 조금 한가할 때 그때부터 공부를 시작하고 독서를 시작했다. 사람은 다 기회가 있기 마 련이다. 다만 그것을 찾아서 가는 사람과 그곳에 머무르는 사람은 다를 것이다.

내 한계를 설정하지 않고 생각한 것이 있으면 무조건 도전을 해보자. 여행도 그렇다. 언제가는 가겠지! 돈이 모아지면 가겠지! 그러다 시간은 흘러간다. 내 인생의 세월이 흘러가고 있는 것이다. 많은 곳을 아이들과 보고 느끼고! 그리고 또 비우고…. 또다시 새로운 곳으로 채우고 이것이 진정 힐링 여행인 것이다.

세상은 너무나 할 게 많다. 내 에너지가 밖으로 넘치는 것은 내가 가야 할 여행지가 나를 부르기 때문이다. 이제 진정 아이들과 나의 꿈인 세계 일주를 준비해 보고 싶다. 얼마나 멋진가! '여행가 엄마! 아들 셋의 다자녀 엄마!' 그러려면 세상의 모든 여행지에서 비움과 채움 연습이 필요하다.

지금은 다 버리고 내 마음의 안정을 찾았다면 이제 새로운 여행지를 검색하면서 다시 채움으로 설레어보자! 아이들아!

지도를 펼쳐라!

06

가족의 행복이 다음 여행지로 향한다

우리가 살아가면서 행복을 느끼는 기준은 무엇인가?

당신은 무엇이라고 생각하는가?

나는 우리 아이들이 밝게 웃고, 남편이 환하게 웃어주고, 시어머니와
친정 엄마가 아프지 않고 건강하게 살아 계심이 감사하다. 그리고 나의
직계가족들이 아프지 않고 환하게 웃으며 알콩달콩 대가족이 여행을 가
면서 맛있는 것도 같이 사먹고, 차안에서 아이들이 '하하호호 깔깔깔 웃
는' 이 여유로움과 좋은 경치를 같이 볼 때 '이게 진정한 행복이 아닐까?'

라고 생각한다. 세상에 힘든 일도 많고 슬픈 일도 얼마나 많은가! 가정마다 고민이 없는 집이 없다. 다만 겉으로 표시가 나지 않을 뿐…. 가정마다 깊숙이 들어가면 사람들마다 남모를 걱정이 누구나 하나씩은 있을 것이다. 사람의 수심과 근심은 얼굴에 표시가 난다. 내가 가지고 있는 걱정이 많으면 마음이 편하지 않다. 그런 삶은 힘겹다. 내 마음이 힘들면 마음에 여유가 없으니 여행을 가도 편하지 않다. 그리고 여행을 갈 생각조차 하지 않는다. 그래서 여행을 생각하는 사람들은 그래도 한편으로 마음에 여유가 있는 사람들이다. 나는 20년 이상을 일만 좇으며 살아왔다. 그리고 항상 일을 할 때 그 윤활유 역할로 여행을 다니며 스트레스를 풀었다. 일주일 열심히 살아온 나의 일상에 대한 보상으로 주말 맛있는 커피 한잔과 디저트로 근교 경치 좋은 곳에서 힐링을 하는 시간이 나에게는 최고의 시간이다. 엄마는 가정의 대들보다. 엄마가 행복해야 아이들도 행복하다.

대가족끼리 국내여행을 매년 가을에 12명이서 똘똘 뭉쳐서 다녔다. 우리 가족 5명, 오빠네 가족 4명, 친정부모님, 우리 시어머니 이렇게 12명이다. 한 번씩 이모 가족들과 같이 가거나 외삼촌 가족들과 같이 움직일 때도 있다. 그러면 완전 대가족이 된다. 식당 한 번 가기에 버겁기에 우리는 우리 엄마의 지시로 음식은 해서 먹는다. 엄마는 나가서 밥먹는 것을 싫어하신다. 어릴 때부터 절약이 몸에 배어 있어서 원가 대비 각종 야채나 어류, 육류 모두 엄마에게는 돈이다. 삶의 모든 게 엄마는 절약 덩어리이다. 그리고 얼마나 부지런한지…. 사실 우리 엄마지만 집에 와서 내 살림 갖고 잔소리를 하실 때면 조금 그렇다. 엄청 부지런하고 성실한 엄마의 영향으로 나도 그런 삶을 살고 있는 것 같다. 그 모습을 늘 보면서 컸으니 엄마 딸이 아닌가! 엄마는 눈에 보이는 일을 가만 두지 못하는 스타일이다. 똑같이 내가 그렇다. 일 마치고 집에 가면 어질러진 모습을 못 본다. 다 깨끗이 치워야 다음 일을 할 수 있다. 뭔가 정리를 해야 일을 할 수 있다. 그리고 한 번 시작한 일은 내 선에서 끝낸다. 흐지부지 마무리 안 된 일은 내가 못 견딘다. 맺고 끊음이 정확해야 한다. 적어도 일에 있어서는 말이다.

나는 어떤 일을 마무리 했을 때의 보상으로 여행을 간다. 그리고 삶에 조금 지쳐 힘을 받고 싶을 때도 여행을 간다. 무조건 외국이나 거창한 나라를 가는 것만 여행이 아니다. 일에서의 벗어남이다. 그리고 새로운 환경에서의 설렘만 있다면 그 어느 장소라도 여행의 기분을 느낄 수 있다.

토요일 주말 특근 때는 평일보다 조용하다. 콜이 없고 조금 한가한 날은 내가 좋아하는 네이버 책을 구경하며 어떤 책이 나왔는지 검색하고 읽다가 또 내가 좋아하는 여행 사진들을 보며 검색을 한다. 그러다 제주 특가 할인으로 여행지가 나온다. 갑자기 나의 실행력이 요동친다. 나는 생각을 하고 행동하고자 하면 바로 움직인다. 제주도가 너무나 가고 싶어진다. 그러면서 일정을 바로 계약했다. 그때는 아이가 둘만 있을 때라 막내가 36개월이면 요금이 더 비싸지니 더 크기 전에 다녀오자고 갔던 여행이다. 남편과 아이 둘을 데리고 제주행 비행기를 타고 제주도를 즐겼다. 8월의 제주도 아이들 6세, 4세 남자아이 둘을 데리고 가는 여행은 힘든 여행이었다. 아이들이 어리고 날도 덥고…. 막내를 업고 다녔던 제주 애월읍에서의 더움만 남는 여행이었다. 시간이 많이 지났다. 많은 여행을 갔다 왔고 생각나는 추억은 딱 한순간의 영감이다. 제주도의 여름은 더웠다. 남자아이 둘을 데리고 가니 힘들었다. 내가 결혼 전에 회사 친구들이랑 갔던 제주도와는 완전 다른 제주도였다. 그래서 여행은 어느 시기에 누구랑 가느냐도 차이가 있는 것 같다. 그러나 지금도 나는 여행을 매일 꿈꾼다.

이번에 가족여행으로 해외로 가보고 싶어졌다. 아이들과 더 많이 더 멋진 경험을 하고 싶다. 그러려면 세계지도를 펼치고 어디를 가볼까? 생각을 한다. 그러면 나는 이번에 가고싶은 여행지 검색을 한다. 우리 가족의 행복은 언제나 다같이 떠나는 여행에서 비롯된다. 아이들이 어느 정도 초등학교 고학년이 되니 자기들이 의사 표현도 정확히 할 줄 안다. 아이들과 하우스텐보스를 가기로 한 것도 나는 아이들에게 천국 같은 해외 여행에서의 하루를 선물해주고 싶었다. 아이들과의 체험과 놀이 등으로 가득한 후쿠오카의 하우스텐보스의 가을은 행복으로 깊어간다. 아이들은 얼마나 기쁘겠는가? 이렇게 별천지의 장남감 같은 세상이 있고 엄마아빠와 낯선 일본이라는 나라에서 놀이공원 퍼레이드를 눈으로 보는 것이 아닌 직접 퍼레이드의 마차를 타고 있다니 말이다. 마차 안에서 우리를 지켜보는 사람들을 바라보고 있으니 진정 재미와 흥미가 넘친다. 야광봉을 휘두르며 일루미네이션 빛의 향연의 하우스텐보스의 밤은가히 멋지다. 온 세상 네온의 빛이 밤하늘로 가득 찬다.

일본의 만화 캐릭터 '건담'같이 챙긴 로봇들이 실제 크기만 한 대형구조물로 공원 내 테마파크에 떡하니 서 있다. 아이는 실제로 건담 로봇을 시중에서 장난감으로만 봤다. 실제 눈으로 보니 얼마나 경이롭겠는가! 어릴 때만 느낄 수 있는 순수하게 바라보는 경이로움이 아니던가! 그렇게 일본의 첫날은 엄마아빠와 비행기를 해외로 처음 타고 와서 또 일본에서 기차를 타고 엄마랑 아빠랑 달리고 있는 아이들은 새로울 것이다. 신비로울 것이다. 우리가 어른이 되면서 잃어버리는 물질만능주의 이기주의로 점점 변해가는 과정들 속에 어릴 때 이 순수함은 점점 무뎌질 것이다. 그러나 이러한 어릴 때 엄마아빠와의 행복한 추억은 가슴 깊이 남을 것이다. 하우스텐보스는 시모노세키 지역에 속해 있어 맛있는 시모노세키 카스테라가 유명하다. 공원에 있는 선물샵에서 선물용과 우리 먹을 카스테라 빵을 여러 개 구입해서 이제 밤늦게 숙소로 향한다. 아이들과 하루 일정을 보내고 방에 침대 4칸이 있는 일본다운 숙소에서의 여행은 참 평화롭다. 아이들이 폴짝폴짝 침대 위를 뛰어 다니며 '나는 이 침대를 쓸거야!', '나는 이 침대를 쓸거야' 하는 행복한 다툼도 다 즐겁다.

그렇다! 나는 아이에게 웃음을 주기 위해 여행을 다닌다. 이 아이들의 웃음이 계속되길 바란다. 적어도 나에게 온 세 아들은 내 품에 있는 동안은 그래도 늘 웃음을 잃지 않길 바란다. 세상을 살아가다 보면 힘든 일, 궂은일을 만날 때마다 얼마나 웃을 일이 점점 사라지겠는가! 우리가 아이의 순수한 웃음이 마냥 좋은 이유는 행복하기 때문이다. '웃는 얼굴에 침 못 뱉는다.'는 말이 있다. 그만큼 우리는 남을 보면서 내가 행복함을 비추기 때문이다. 그래서 웃고 있는 사람들을 보면 나 또한 덩달아 그 에너지를 받기에 나는 힘들수록 더 크게 웃었던 것 같다. 이 웃음을 더 많이 느낄 수 있는 것이 나에게 여행이었다. 이 웃음으로 우리는 행복하다고 느낀다. 그러면 이 행복을 더 자주 느끼고 싶은 게 사람 욕심이다. 그러면 또 우리는 다음 여행지를 찾아서, 또 행복한 웃음을 찾아서, 내 가족의 행복을 찾아서 열심히 검색을 할 것이다.

07

엄마는 오늘도 짐을 싼다

　해외 여행에서는 준비를 잘해야 한다. 내가 가고자 하는 나라가 추운지 더운지 그리고 안전한지 모든 것을 알고 떠나야 한다. 나는 가고자 하는 나라가 정해지면 그때부터 필요한 것을 하나씩 하나씩 큰 틀에서 짐을 서서히 준비한다. 여행 가기 전에 미리 여유를 두고 짜야 하는 준비물은 여권 유효기간 상태, 그 나라의 필요한 돈을 예상해서 환전하는 것, 이렇게 2가지다. 이후에 또 나라별로 필요한 서류들을 준비한다. 비자나 공중 같은 입국에 차질 없는 서류들이다. 만약 내가 더 큰 유럽 일주를 계획한다면 더 큰 세부적인 서류들이 많을 것이다. 국경을 넘어야 하는

시모노세키 카스테라

그런 크고 작은 문제들이 있을 것이기 때문에 미연에 방지하는 것이다. 외국이다. 아이들과 여행을 해야 해서 서류상으로도 문제가 없이 확실하게 준비해야 된다. 무엇보다 안전이 우선이기에 해외에서 일어날 수 있는 경우를 생각을 해야 한다.

처음 아이들을 데리고 여행을 가고자 할 때 아이들을 데리고 사진관에 갔다. 여권을 만들기 위해서였다. 일을 하다 보니 여행 가는 나라가 정해지고 그때는 패키지라 빠른 요청이 있었기에 급히 사진을 찍어야 했다. 세 명이서 올망졸망 사진을 찍었다. 어찌나 귀엽던지 특히 막내는 엄마 눈에 제일 귀엽다. 그때는 괌을 가기로 준비하고 있었던 터라 아이들도 한창 신나 있었다.

엄마도 여행을 준비할 때가 제일 행복하다. 일을 할 때도 여행만 생각하면 신나고 행복하기 때문이다. 여행은 그런 것이다. 삶의 활력을 불어넣어준다. 평범하고 매일 반복되는 일상 스트레스 받는 업무 등을 나는 항상 여행으로 풀었던 것 같다. 이제 아이들이 이쁘게 잘나온 여권만 나오면 된다.

여행을 준비할 때 필요한 것을 생각하고 오로지 그 나라를 생각한다. 이미 그 나라를 간 것처럼 상상하며 그 나라 책을 보고 그 나라를 온통 느낀다. 나는 그랬다. 그래서 여행을 하는 것은 나는 그 나라를 온전히 느끼고 그 나라의 문화 속으로 들어가는 것이다. 그 나라들의 자연과 추천장소, 맛있는 음식들. 이미 나는 그 나라의 멋진 카페에서 이미 차 한 잔을 마시고 있다. 아름다운 경치를 만끽하고 있다. 행복하다. 그래서 여행을 가서 직접 즐기고 느끼는 것도 좋지만 나는 여행을 준비하면서 짐을 캐리어에 쌀 때부터 행복하다. 여유 있게 준비해야 하는 필수 준비물을 챙기고 이제부터는 세부적으로 필요한 것을 하나씩 하나씩 챙기면 되는 것이다.

아이들과 올해 1월에 갔던 러시아라는 나라! 블라디보스토크! 너무나 추운 나라이다. 나같이 추위를 싫어하는 사람에겐 또 하나의 다른 설렘이다. 여행을 간다고 정해지면 우리집에 그동안 빛을 못 본 캐리어들이 세상으로 나온다. 이 캐리어만 봐도 이제 여행을 간다는 것을 실감한다. 거실에 덩그러니 놔두고 생각나는 여행 물품들을 하나씩 옆에 쌓아둔다. 대부분 준비물은 이틀 전에 싹 정리한다. 그전에는 잊으면 안 되는 것들을 하나둘씩 싼다. 가령 러시아는 추우니 부츠와 모자가 필요하다. 그러면 일 마치고 하나씩 하나씩 미리 필요한 짐들을 산다. 돌아다닐 때 필요한 핫팩도 있어야 된다! 추울 때 겉옷 안에 얇은 타이즈가 있으면 따뜻하다. 아이들이 출출할 때 먹을 초코바도 몇 개 준비한다. 손 시려우니 장갑도 챙기고. 이렇게 머릿속으로 떠오를 때마다 하나씩 하나씩 준비물을 챙긴다. 그리고 최종적으로 하루 전에 아이들은 옷을 하루에 몇 벌 갈아입을지, 양말은 아이들 별로 얼마나 필요할지 등을 생각해 필요한 옷가지를 준비한다. 혹시나 모르니 우리나라 컵라면도 챙긴다. 외국에서 밤에 출출할 때 우리나라 라면 먹는 재미가 쏠쏠하다. 애들이 같이 가는 여행이다. 나 혼자 가는 여행은 최대한 간결하게 짐을 싼다. 많이 걸어야 됨을 알기에 가방과 운동화만 있으면 어디든 돌아다닐 수 있다. 그러나 아이들은 어떤 사건 사고가 일어날 줄 모른다. 깨지고 다칠 때를 대비해서 일단 연고와 밴드, 그리고 해열제를 챙긴다. 아이들은 아프면 열부터 나기도 하고 진통제 기능도 하기 때문이다.

여행을 떠남은 새로운 곳에 대한 설렘과 행복감, 기대감이 같이 온다.

글을 쓰고 있는 지금도 이 글이 마무리가 되는 꼭지를 쓰면서 '다 끝나면 나한테 어떤 보상으로 어떤 여행 선물을 줄까?' 하고 생각한다. 푸른 제주도 바다가 떠오른다. 아무래도 나는 이 초고를 완성하면 나는 여행 사이트를 또 뒤지고 비행기표와 여행 일정을 조사하고 있을 것이다. 삶이 참 익사이팅하다.

나에게 여행이란 그랬다. 20대를 롯데 공채로 롯데마트에서 5년간 보냈던 날들이 있었다. 대학교 졸업 후 교수님의 소개로 간 첫 직장이 나에게는 한계가 있었다. 나는 전문대를 다니면서 매일 새벽에 도서관 가서 학과 관련 자격증을 따고 학점을 따기 위해 공부만 했다. 그러나 첫 직장은 그런 나에게 일개 마트의 오픈점에서 계산원을 시켰다. 나는 이러려고 공부를 그렇게 한 것이 아니었는데…. 그리고 그때 조장과 조장 보조가 나보다 학벌이 낮았지만 경력이 있다는 이유로 조장을 하는 것을 보고 여기는 내가 있을 곳이 못 된다고 생각했고 나는 서울로 지원하게 되었다. 그리고 대기업 면접을 3차까지 보면서 서울과 부산을 오갔다. 그러나 문제는 전국 어느 지점으로 발령이 나도 가야 한다는 것이었다.것이다. 여자 혼자서 첫 발령지를 천안에서 시작했다. 그때 내 나이 23살이었다. 나는 우리집의 가장처럼 일만 한 것 같다. 열심히 일해서 엄마한테 용돈도 넉넉히 드리고 싶었으나 나는 내가 돈관리를 하고 엄마한테는 생활비조로 얼마만큼의 돈만 줬다. 그래도 혼자 벌어 마지막 퇴직금까지 다해서 3천만 원을 엄마한테 퇴사 후 드렸다. 엄마아빠 해외여행도 중국으로 보내드렸다. 나는 내가 벌어서 시집을 갔고 지금도 내가 벌어서 내 가정을 이끌고 있다.

그때부터 나는 할인점이 한창 지방마다 오픈할 때라 고향인 부산 안에서도 각 점포를 옮겨다니며 근무를 했고, 어느 정도 경력이 쌓이자 부산에서 가까운 통영점 오픈조장을 시작으로 서울역점까지 거치며 종지부를 찍었다. 마트는 11시에 문을 닫는다. 그때는 2교대로 근무를 바꾸며 근무를 했다. 매일밤 11시 폐점을 하고 계산대 포스가 다 꺼지고 여사님들 퇴근을 다시키면 최종 마무리를 짓고 퇴근을 했다. 그게 내 책임이었다.

통영에서 혼자 마치고 깜깜한 통영 시골 거리를 걸어 집으로 갈 때면 참 내가 잘 살고 있는 게 맞는지 의심스러웠다. 그러면서 회사에 믿었던 여사님들의 잘못된 행동, 내가 믿었던 사람들의 배신 등으로 회사 생활에 회의가 왔다. 그래서 마지막으로 서울로 지원하고 마지막 오픈을 하고 끝내자고 다짐을 했다. 또 서울역에서의 밤늦은 혼자만의 퇴근. 그렇게 1년을 버텼다. 서울에 있는 동안 쉬는 날이면 그렇게 서울에서 할 수 있는 가까운 여행지를 찾아다녔다. 어떤 날은 일산 호수공원으로, 어떤 날은 잠실로, 어떤 날은 명동으로, 어떤 날은 남산타워로 그렇게 다녔었다. 다시는 못 본다는 마음으로….

직장에서의 여러 번의 출장도 전국의 롯데마트 의정부, 목포, 광주, 오산, 화성, 울산, 구리, 서울 안의 은평, 일산 등 거의 대부분 열심히 돌아다니면서 시장조사를 했다. 그렇게 나의 20대를 집안의 가장 같은 마음으로 무겁게 일했던 나날들이었다. 누가 시킨 것도 아니었다. 그러한 환경이 나를 만들었다. 지금 생각나는 것은 잠실에서 혼자 영화 보면서 울었던 거…. 명동에서 조조 영화 〈알 포인트〉를 봤는데 그렇게 무서운 영화를 보면서 울면서 내 안의 나를 토해냈다. 나는 그렇게 혼자 영화를 보면서 혼자 속으로 우는 아이다. 남 앞에서 아픈 모습, 슬픈 모습은 한 번도 표현하지 않았다. 힘들면 남자들처럼 혼자 동굴에 갇혀 혼자 풀다가 항시 밝은 모습으로 나를 드러낸다. 그러나 나는 이젠 안다. 그 울음과 외로움의 20대가 있었기에 지금의 내가 있다는 것을….

　결혼을 하면서 일을 끝까지 놓지 않고 지금 10년차 콜센터 상담일을 하고 있다. 현재까지 9가지의 일을 하고 있다. 그 와중에 나는 무수한 여행을 다녔다. 왜냐하면 일을 하면서 받은 스트레스를 나는 항상 여행으로 풀었기에 지금의 내가 있고 일이 있고 여행이 있다.

　내 나이 43세이다. 그동안 무수한 일은 생계의 일이었다. 이제는 내가 좋아하고 내가 즐기고 하고 싶은 일을 진정 찾고 있다. 그리고 내가 좋아하는 여행도 무수히 갈 것이다. 세상은 참 아름다운 곳이 많다. 그리고

세계에도 멋진 곳도 많다. 내가 오늘 하루를 살아가면서 얼마나 즐거웠
는가, 행복했는가를 생각하는 날이 많아졌다. 내가 나를 찾아서 지금도
너무 행복하다.

그래서 나는 오늘도 짐을 쌀 준비를 하고 있다.

내가 이렇게 글을 쓰면서 내 지난 과거를 회상하게 해준 이 작가라는
직업이 참 고맙게 느껴진다. 위기는 기회란 말이 있듯이 가장 힘들 때 우
리는 절심함이 변형된 축복으로 온다고 생각한다. 인생을 살아가면서 내
삶을 변화시켜주는 이가 과연 몇 명이나 되겠는가!
진정한 멘토만이 그 길을 비춰줄 수 있다고 생각한다.

책을 좋아하는 나를 보시고 절실할 때 경매로 가르침을 주신 '한국경매
투자협회' 김서진 대표님께 감사의 뜻을 전한다.

그리고 23년 동안 책을 읽은 독자에서 작가로 변신해 글을 쓸 수 있게
물심양면으로 도움을 주신 '한국책쓰기1인창업코칭협회' 김태광 대표님
께도 감사의 뜻을 전한다.

"감사합니다."

엄마가 진정 행복한 여행을 꿈꿔라!

진정 이 세상 모든 엄마들은 행복할 권리가 있다.

행복한 엄마가 행복한 아이를 만든다.

나는 내가 무엇을 할 때 행복한지 아는 엄마이다. 나는 성격상 혼자 있는 것을 좋아한다. 평소에 책을 주로 본다. 새벽에 혼자 명상하고 보고 싶은 책을 30분씩 읽는 것으로 하루를 시작한다. 일을 마치고 책방을 간다. 책을 30분이나 1시간 이상씩 보고 집에 간다. 주말에는 아이랑 도서관을 가거나 근처 책방에서 주로 책을 본다. 괜찮은 서점이나 책과 관련이 있는 곳은 서울이라도 찾아가고, 파주 출판단지도 간다. 외국에 여행 갔을 때도 그 나라의 책방은 꼭 찾아서 다녔다.

나는 혼자 조조 영화를 보거나 새벽 목욕을 간다. 남들과 다른 방식으로 다른 시간에 혼자만의 행복을 찾아가는 엄마이다. 엄마들은 이렇게 스스로 행복을 찾는 것이 중요하다. 물론 자기보다 아이에게 아낌없이 주는 사랑을 더 좋아하는 엄마도 있다. 다만 내가 하고 싶은 말은 한 번 태어난 우리 인생 여자로, 엄마로 살아가면서 적어도 행복하게 살자는 것이다. 엄마가 행복해야 아이도 행복하다. 내가 느끼는 이 행복한 감정을 아이도 느낀다.

여자는 아이를 낳으면서 삶에 대한 철학이 생긴다. 그동안 나만을 위해 살아왔다면 아이가 생기면서는 한 가정의 대들보가 되어 나보다는 가정을 위해 헌신과 희생을 하게 된다. 그러다 나를 잃어버리게 된다. 그러면서 행복의 주체가 아이와 가족에게로 넘어가버린다.

진정한 행복을 원한다면 늦기 전에 자기를 찾아야 한다. 정보들이 넘쳐나는 스마트 시대에 엄마들도 이제 점점 자기를 찾는 시간이 많아지고 있다. 더불어 아이도 같이 성장하는 시대이다.

꼭 직장에 출근하지 않더라도 컴퓨터, 스마트폰 하나로 집에서도 여러 가지 일을 할 수 있게 되었다. 각자 개성과 특색을 살려 경제력을 창출할 수 있는 시대이다. 적극적으로 찾아서 공부해나가면 몸값을 얼마든지 올릴 수 있는 기회가 있다.

나는 엄마들에게 "엄마들이여! 여자들이여! 한 번 태어난 인생! 진정 자기 인생의 주인공으로 살아가라!"고 말하고 싶다.

이 기회를 빌려 감사한 사람들에게 편지를 써본다.

일하고 육아하면서 책에 오로지 집중할 수 있게 옆에서 나를 항상 챙겨준 나의 사랑하는 남편께 감사의 마음을 전합니다.

언제나 영원한 삶의 멘토 우리 엄마 박정애 여사께도 딸이 많이 사랑한다고 전합니다. 사랑합니다. 그동안 고생 많으셨습니다.

삶의 위기를 기회로 바꿔준 '한국경매투자협회' 김서진 대표님께도 감사의 뜻을 전합니다.

그리고 무엇보다 책을 읽는 독자에서 진정 작가의 삶을 주신 '한국책쓰기1인창업코칭협회' 김도사님께 깊은 감사의 마음을 전합니다.

감사합니다.

축복합니다.

사랑합니다.

2020년 11월의 깊은 가을밤
김희정